Verständliche Wissenschaft Band 23

Fritz Heide

Kleine Meteoritenkunde

Dritte, stark überarbeitete Auflage
bearbeitet von F. Wlotzka

Mit 111 Abbildungen

Springer-Verlag
Berlin Heidelberg New York
London Paris Tokyo

Herausgeber Professor Dr. MARTIN LINDAUER
Zoologisches Institut der Universität
Röntgenring 10
D-8700 Würzburg

FRITZ HEIDE †

Bearbeiter Dr. FRANK WLOTZKA
Max-Planck-Institut für Chemie
Abt. Kosmochemie
D-6500 Mainz

1. Auflage 1934
2. Auflage 1957
3. Auflage 1988

ISBN 3-540-19140-2 3. Auflage Springer-Verlag Berlin Heidelberg New York
ISBN 0-387-19140-2 3. Auflage Springer-Verlag New York Berlin Heidelberg

ISBN 3-540-02218-X 2. Auflage Springer-Verlag Berlin Göttingen Heidelberg

CIP-Titelaufnahme der Deutschen Bibliothek. **Heide, Fritz:** Kleine Meteoritenkunde / Fritz Heide. – 3., stark überarb. Aufl. / bearb. von F. Wlotzka. – Berlin ; Heidelberg ; New York ; London ; Paris ; Tokyo : Springer, 1988 (Verständliche Wissenschaft ; Bd. 23)
ISBN 3-540-19140-2 (Berlin...) brosch.
ISBN 0-387-19140-2 (New York...) brosch.
NE: Wlotzka, Frank [Bearb.]; GT

Dieses Werk ist urheberrechtlich geschützt. Die dadurch begründeten Rechte, insbesondere die der Übersetzung, des Nachdruckes, des Vortrags, der Entnahme von Abbildungen und Tabellen, der Funksendung, der Mikroverfilmung oder der Vervielfältigung auf anderen Wegen und der Speicherung in Datenverarbeitungsanlagen, bleiben, auch bei nur auszugsweiser Verwertung, vorbehalten. Eine Vervielfältigung dieses Werkes oder von Teilen dieses Werkes ist auch im Einzelfall nur in den Grenzen der gesetzlichen Bestimmungen des Urheberrechtsgesetzes der Bundesrepublik Deutschland vom 9. September 1965 in der Fassung vom 24. Juni 1985 zulässig. Sie ist grundsätzlich vergütungspflichtig. Zuwiderhandlungen unterliegen den Strafbestimmungen des Urheberrechtsgesetzes.

© Springer-Verlag Berlin Heidelberg 1934, 1957 und 1988. Printed in Germany

Die Wiedergabe von Gebrauchsnamen, Handelsnamen, Warenbezeichnungen usw. in diesem Werk berechtigt auch ohne besondere Kennzeichnung nicht zu der Annahme, daß solche Namen im Sinne der Warenzeichen- und Markenschutz-Gesetzgebung als frei zu betrachten wären und daher von jedermann benutzt werden dürften.

Umschlagentwurf: W. Eisenschink, Heidelberg
Gesamtherstellung: Konrad Triltsch, Graphischer Betrieb, Würzburg
2131/3130-543210 – Gedruckt auf säurefreiem Papier

Vorwort zur dritten Auflage

In den 30 Jahren, die seit dem Erscheinen der 2. Auflage vergangen sind, hat die Meteoritenforschung große Fortschritte gemacht. Sie verdankt dies vor allem den starken Impulsen, die von der Weltraumforschung und den Mondlandungen ausgegangen sind. Mit neuen analytischen Methoden können wir heute Aufbau und Alter von winzigen Proben und Einschlüssen aus Meteoriten bestimmen. Aus diesen Untersuchungen hat sich ergeben, daß die meisten Meteorite nicht, wie man früher annahm, Trümmer eines zerbrochenen Planeten sind, sondern Urmaterie aus der Frühzeit des Sonnensystems. So können wir versuchen, aus ihnen die Entstehung und die Geschichte der Planeten zu rekonstruieren.

Auch aus der Untersuchung der großen Einschlagkrater haben wir viel gelernt. Eines der am besten untersuchten Beispiele ist das Nördlinger Ries, dessen Entstehung durch den Einschlag eines Riesenmeteoriten heute als gesichert gilt. In der 2. Auflage wurde diese Theorie noch abgelehnt, aber inzwischen wurden eindeutige Veränderungen in den Riesgesteinen gefunden, die nur durch die Schockwellen eines solchen Einschlags erzeugt worden sein können. In der Wissenschaft werden ältere Theorien immer wieder durch neue Befunde in Frage gestellt. Auch die hier in der 3. Auflage vertretenen Ansichten sind sicher nicht das letzte Wort, und viele Fragen sind weiterhin offen.

Ich danke allen Fachkollegen für die Unterstützung bei dieser Arbeit, vor allem durch Bildmaterial. Besonderer Dank gilt dabei der Division of Meteorites im Naturhistorischen Museum der Smithsonian Institution in Washington. Herrn

Prof. H. Wänke, Direktor des Max-Planck-Instituts für Chemie in Mainz, danke ich für die Durchsicht des Manuskriptes und für wertvolle Anregungen.

Mainz, September 1988 FRANK WLOTZKA

Vorwort zur ersten Auflage

Zwei Gründe vor allem haben in den letzten Jahren nicht nur in der wissenschaftlichen Welt, sondern auch in dem großen Kreis der naturwissenschaftlich interessierten Laien das Interesse an jenen merkwürdigen Körpern, die vom Himmel auf die Erde herabfallen, den Meteoriten, steigen lassen. Der eine Grund ist die moderne, außerordentliche Entwicklung der Geochemie, deren Forschungsergebnisse in gleicher Weise für die wissenschaftliche Erkenntnis wie für das praktische Leben von größtem Wert sind und für die die Meteoriten sehr wichtige Untersuchungsobjekte sind. Der andere Grund ist die in den letzten Jahren erfolgte Entdeckung mehrerer Aufschlagstellen von Riesenmeteoriten, die, vielfach auch in der Tagespresse bekanntgegeben, die Anteilnahme der breiten Öffentlichkeit erregten. In zahlreichen brieflichen Anfragen an den Verfasser äußerte sich dieses Interesse. Die Herausgabe einer auch weiteren Kreisen verständlichen Darstellung unserer Kenntnisse von den Meteoriten erschien daher angebracht, um so mehr, als eine neuere derartige Darstellung in Buchform im deutschen Schrifttum nicht vorhanden ist. Der Verfasser ist daher sowohl dem Herausgeber dieser Sammlung wie dem Verlage Julius Springer dankbar, daß sie ihm Gelegenheit gegeben haben, die Ergebnisse der Meteoritenforschung einem größeren Leserkreis zugänglich zu machen, dem Verlage insbesondere noch für die sehr reiche Bildausstattung des Bändchens.

Der vorgeschriebene Umfang und der Charakter der Sammlung, in der das Buch erscheint, mußten natürlich maßgebend für die Stoffauswahl und für die Art der Darstellung sein. Die Fachleute unter den Lesern mögen dies im Gedächtnis behalten.

Abbildungen ohne Herkunftsbezeichnung sind original. Meinen Assistenten, Herrn Dr. KÖHLER und Herrn PREUSS, danke ich für ihre Hilfe bei der Herstellung der Bilder und beim Lesen der Korrekturen.

Jena, im Juli 1934 F. HEIDE

Inhaltsverzeichnis

Einleitung 1

I. Fallerscheinungen

Lichterscheinungen. 4
Schallerscheinungen 13
Die Haupttypen der Meteorite 15
Einwirkungen beim Aufschlag 16
Meteoritenschauer 21
Meteoritenkrater. 25
Tektite. 50
Große Einschläge und die Geschichte der Planeten. . 53
Zahl der Meteoritenfälle. 55
Örtliche und zeitliche Verteilung der Meteoritenfälle . 56
Über die Gefährlichkeit niedergehender Meteorite . . 66
Historisches über die Meteorite. 68
Worauf ist nun besonders bei einem Meteoritenfall
  zu achten? 76
Woran kann man einen Meteoriten erkennen? 77

II. Das Meteoritenmaterial

Kosmischer Staub 81
Größe der Meteorite 84
Die Form der Meteorite. 89
Oberflächenbeschaffenheit 92
Mineralogie und Klassifizierung der Meteorite. . . . 94
Der chemische Bestand der Meteorite 124
Die kosmische Häufigkeit der Elemente 128
Isotopenanomalien 133
Organische Substanz 135

III. Herkunft und Entstehung der Meteorite

Meteoritenalter	138
Die Herkunft der Meteorite	146
Asteroide	148
Meteorite von Mars und vom Mond	150
Die Entstehung der Meteorite	152
Planetesimals	157
Regolith, Uredelgase und Sonnenwind	159
Planeten	161
Schlußfolgerung	162

Anhang

Meteoritensammlungen	165
Der Tauschwert der Meteorite	166
Rezepte	169
Zusammenstellung der Meteorite Deutschlands	170

Literatur 180

Sachverzeichnis 183

Einleitung

Wohl alle Leser dieses Büchleins haben schon eine Sternschnuppe gesehen. Am klaren Nachthimmel taucht plötzlich ein kleines Lichtpünktchen auf, nicht größer als seine feststehenden Sterngenossen, lautlos schießt es ein Stück des Himmelsgewölbes entlang und verschwindet ebenso plötzlich und ebenso still, wie es aufgetaucht war. „Ein Stern ist vom Himmel gefallen", sagen die Menschen, und als ein gutes Vorzeichen gilt es ihnen. Noch eine andere Erscheinung am nächtlichen Himmel werden viele Leser schon gesehen haben. Nicht mehr ein Lichtpünktchen von Sterngröße, sondern eine große Kugel mit augenfälligen Leuchterscheinungen, strahlend in bläulichweißem oder rötlichgelbem Licht, durcheilt wiederum lautlos einen großen Teil des Himmelsgewölbes, verschwindet hinter dem Horizont oder verlöscht plötzlich. Ein „Meteor" nennen die Fachleute diese Erscheinung. Von einer dritten Himmelserscheinung werden aber wohl nur wenige Leser Augenzeuge gewesen sein. Taghell wird plötzlich die Nacht erleuchtet. Ein großer Feuerball, mit einem langen, leuchtenden Schweif hinter sich, zieht daher, Zischen, Knattern und Donnern ertönt und ein explosionsartiger Knall schließt die nur wenige Sekunden dauernde Erscheinung ab. So intensiv ist das Geschehen, daß es sich auch bei hellichtem Tage durchaus bemerkbar macht. Die Menschen, die zufällig am Ende der Bahn stehen, sehen feste Körper aus der Luft herabfliegen, und wenn sie in den Löchern, die diese Körper in den Erdboden geschlagen haben, nachgraben, dann finden sie Brocken von steiniger oder metallischer Beschaffenheit.

Alle drei Arten dieser Himmelserscheinungen, so verschieden sie uns vorkommen mögen, legen Zeugnis ab von ein und demselben Ereignis: von einem *Zusammenstoß unserer Erde mit einem festen Körper aus dem Weltraum.* Aber nur den von so eindrucksvollen Fallerscheinungen begleiteten „*Meteoriten*" gelingt es, den Schutzmantel unserer Erde, die Atmosphäre, zu durchdringen und bis auf die Erdoberfläche zu fallen. Das macht diese Meteorite so wichtig für uns. Bis zur Ankunft der Mondproben waren sie das einzige außerirdische Material, das wir in Händen halten und direkt untersuchen konnten. Die Sonne, die Planeten und all die anderen Sterne schicken ja nur durch sichtbare oder unsichtbare Strahlen Botschaft zu uns, auch die Sternschnuppen und die Meteore. Wohl hat der Mensch sinnreiche Apparate erdacht, die diese Strahlen zerlegen und gestatten, auf indirektem Wege Kenntnis von der stofflichen Zusammensetzung der Himmelskörper zu erlangen, aber auf viele Fragen können diese Untersuchungsmethoden keine Antwort geben. Die Meteoriten dagegen, diese handgreiflichen Boten aus dem Weltraum, können wir untersuchen mit all den mineralogischen, chemischen und physikalischen Methoden, mit denen wir auch die Teile der festen Kruste unserer Erde untersuchen, und wir sind dadurch in der Lage, bereits einen recht erheblichen Teil der Fragen, die sich an das Vorhandensein dieser Boten aus dem Himmelsraum knüpfen, befriedigend zu beantworten.

Die Beschäftigung mit diesen Fragen geht durchaus über das rein wissenschaftliche Interesse hinaus. Die Kenntnis der stofflichen Zusammensetzung der Meteoriten erlaubt uns, wichtige Rückschlüsse auf den Bau und die Zusammensetzung unseres eigenen Planeten zu ziehen und Gesetzmäßigkeiten zu erkennen, die für die Stoffverteilung auf der Erde von großer Bedeutung sind; Gesetzmäßigkeiten, die auch die Bildung von Lagerstätten nutzbarer Mineralien regeln, auf deren Bedeutung für das Kultur- und Wirtschaftsleben der Menschen nicht besonders hingewiesen zu werden braucht.

Aber auch unmittelbar können die Meteoriten von Einfluß auf das menschliche Leben werden. Die gewöhnlichen kosmischen Geschosse freilich, für die unsere Erde bei ihrer Reise durch den Weltraum als Kugelfänger dient, haben bisher kaum nennenswerten Schaden angerichtet, aber wir haben sichere Anzeichen dafür, daß diese himmlischen Geschosse mitunter riesenhafte Abmessungen annehmen und daß ihr Auftreffen auf die Erde mit ungeheuren Explosionen verbunden ist.

In diesem Bändchen wollen wir uns mit den Fragen beschäftigen, die ein Mensch, der einmal ein solch merkwürdiges Gebilde in der Hand gehalten hat, stellt. Die Sternschnuppen und Meteore, die bereits in recht großen Höhen verglühen und den Menschen nur einen Lichtgruß senden, wollen wir dabei nur so weit behandeln, als die zu den Meteoriten in Beziehung stehen.

Der *Name* „*Meteorit*" ist aus dem Griechischen abgeleitet. Er bedeutet etwa: „in der Luft befindlich"

I. Fallerscheinungen

Lichterscheinungen

Das erste Zeichen, mit dem ein Meteorit seine Ankunft auf der Erde kundtut, sind die Licht- und Schallerscheinungen, die seinen Fall begleiten. Die weithin bemerkbare Sichtbarkeit und Hörbarkeit sowie das Erregende dieser Erscheinungen haben bewirkt, daß sehr bald die Menschen ihre Beobachtungen schriftlich niederlegten. Da mehrere Hundert von Meteoritenfällen in den letzten Jahrhunderten beobachtet wurden, füllen die Berichte der Augenzeugen eine sehr umfangreiche Literatur. Viel weniger günstig steht es mit den *bildlichen Darstellungen von Meteoritenfällen*. Da die Meteoriten unangemeldet kommen, ist die fotografische Aufnahme eines Meteoritenfalls am Tage noch nicht geglückt.

Es liegen nur Zeichnungen oder farbige Bilder vor, die nachträglich nach den Berichten der Augenzeugen entworfen wurden. Abb. 1 gibt den Eindruck eines normalen Meteoritenfalls wieder, desjenigen von Ochansk, Gebiet Molotow, UdSSR, am 30. 8. 1887, 12.30 Uhr. Eine feurige Masse erschien am Himmel, einen leuchtenden Streifen und Rauchwolken hinter sich lassend, und glitt mit nur schwach geneigter Bahn am Himmel entlang. Nur 2–3 Sekunden war die Erscheinung am Himmel zu sehen, und nach 2–3 Minuten erklang ein Getöse, als wenn zahlreiche Kanonen abgeschossen würden. Auch der schwerste Meteorit, dessen Niedergang beobachtet wurde, der von Sikhote-Alin im fernen Osten der UdSSR, nördlich von Wladiwostock, zeigte ganz ähnliche, nur intensivere Fallerscheinungen (Abb. 2). Eine blendend helle Feuerkugel jagte am Himmel bei Sonnenbeleuchtung in wenigen Sekunden vorbei. Die Helligkeit der Feuerkugel war so groß, daß die Augen

Abb. 1. Fall des Meteoriten von Ochansk, UdSSR, am 30. 8. 1887, 12.30 Uhr. (Nach Farrington, Meteorites, 1915)

schmerzten, hinter ihr blieb eine mächtige Rauchspur zurück, die noch einige Stunden danach gesehen wurde. Bald nach dem Verschwinden der Feuerkugel wurden kräftige Donnerschläge und rollendes Getöse laut.

Die *Intensität der Lichterscheinungen* wird, wenn der Niedergang bei Tag erfolgt, nicht selten mit der der Sonne verglichen. Bei Nacht werden weite Gebiete oft taghell erleuchtet, so daß man bequem Zeitungsdruckschrift lesen kann. Die leuchtenden Bahnen, die die niedergehenden Meteoriten am Himmel beschreiben, lassen sich oft über sehr große Strecken hin beobachten. So wurde der Meteorit von Prambachkirchen bei Linz, der in der Nacht des 5. 11. 1932 weite Teile Süddeutschlands und Oberösterreichs für einige Sekunden in helles Licht tauchte, von Beobachtern in Stuttgart, Regensburg, Innsbruck, München und vielen Orten um Linz gesehen, siehe Abb. 3.

Der Anfang der leuchtenden Bahn ist meistens am wenigsten genau festzulegen. Nur zufällig sieht gerade einer der Beobachter in die Gegend des Himmels, in der der Meteorit

Abb. 2. Niedergang des Eisenmeteoriten von Sikhote Alin, nördlich von Wladiwostok, am 12. 2. 1947, etwa 10.38 Uhr. Nach einem Bild von P. J. Medwedew, Meteoritenkomitee Moskau

erscheint, während die meisten erst durch die stärkere Lichterscheinung zum Aufblicken veranlaßt werden. Die tatsächliche Höhe dieser ersten Lichterscheinung läßt sich aus den Angaben mehrerer Augenzeugen berechnen, wie es im folgenden Absatz beschrieben wird. So erhielt man für die Bahn des 1868 bei Pultusk in Polen gefallenen Steinmeteoriten eine Anfangshöhe

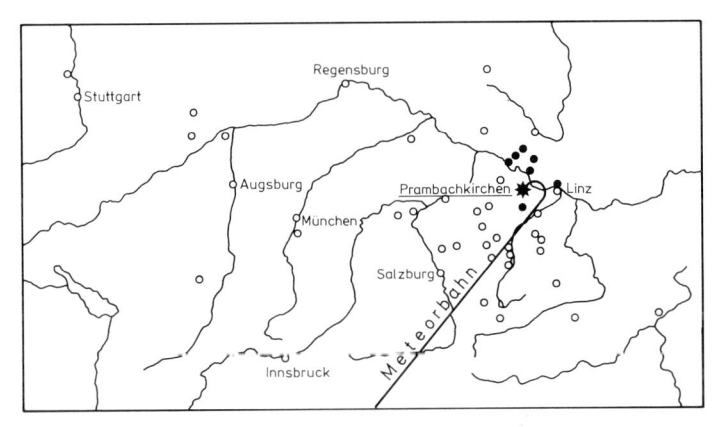

Abb. 3. Meteoritenfall von Prambachkirchen, am 5. 11. 1932. Offene Kreise: Beobachtungen des Feuerballs; ausgefüllte Kreise: zusätzliche Schallwahrnehmung. (Nach J. Rosenhagen, Jahrbuch Oberösterr. Musealverein 86, 1935)

von 300 km, für den Eisenmeteoriten von Treysa in Hessen 1916 etwa 80 km, siehe auch Tabelle 1 (S. 9).

Die scheinbare Richtung der Bahnen am Firmament ist natürlich je nach dem Standpunkt des Beobachters verschieden. Aus mehreren scheinbaren Bahnen kann aber die wahre Bahn berechnet werden. Anhand einer Skizze (Abb. 4) können wir uns die Verhältnisse klar machen. Die kleine leuchtende Bahn AB sei die wirkliche Bahn eines Meteoriten, der senkrecht auf die Erde herabstürzt. Die kleinen Kreise 1, 2, 3 stellen die Standorte von drei verschiedenen Beobachtern dar. Sie umgibt als gemeinsames Himmelsgewölbe die glockenförmige Halbkugel der Abbildung. Der waagerechte Kreis, auf dem die Glocke aufsitzt, gibt den Horizont wieder. Auf der rückwärtigen Innenwand der hohlen Halbkugel sind die Milchstraße und einige Sternbilder eingetragen, man erkennt rechts neben der Milchstraße den Orion mit seinen drei Gürtelsternen bei B_2. Da sich nun die wirkliche Bahn des Meteoriten im Verhältnis zu dem sehr weit entfernten Himmelsgewölbe in nur geringer Entfernung von den Beobachtern befindet, sehen diese die Meteoritenbahn an ganz verschiedene Stellen des Himmels projiziert. Nr. 1 sieht die Bahn ganz rechts am Himmelsgewölbe von A_1 nach B_1 verlaufen, und zwar liegt sie in der Schnittebene durch die Hohlkugel, die durch die beiden Sehstrahlen $1-A-A_1$ und $1-B-B_1$ bestimmt ist. Diese Schnittebene ist mit derselben Signatur wie die beiden Sehstrahlen in die Abbildung eingezeichnet. Beobachter 2 dagegen sieht den Meteoriten mitten durch das Sternbild des Orion herabsausen gerade bis zu den drei Gürtelsternen: $A_2 - B_2$. Für den Beobachter 3 schließlich verläuft die scheinbare Bahn schräg durch die Milchstraße von A_3 nach B_3. Man sieht in Abb. 4, daß sich die drei betrachteten Schnittebenen, in denen jeweils die entsprechenden scheinbaren Bahnen liegen, in einer Geraden, nämlich AB, schneiden. Diese Schnittlinie ist die wahre Bahn. In der Praxis ist natürlich die Berechnung einer

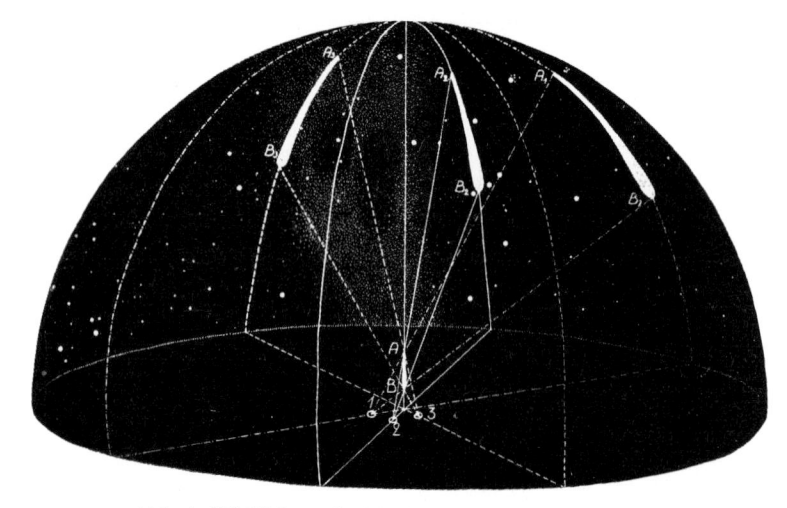

Abb. 4. Wirkliche und scheinbare Bahnen eines Meteoriten

wahren Meteoritenbahn erheblich schwieriger, denn bei einem so plötzlich eintretenden Ereignis wie einem Meteoritenfall ist die Feststellung der scheinbaren Bahnen nur mit großen Fehlern möglich.

Die Berechnung einer Meteoritenbahn wäre viel genauer möglich, wenn man sie von mehreren Punkten aus fotografisch aufnehmen könnte. Die Verwirklichung dieser Idee hat zu mehreren Netzwerken von automatischen Stationen geführt, die den Nachthimmel kontinuierlich aufnehmen. Sie wurden in der Tschechoslowakei, in den USA und in Kanada errichtet. Beim „Prairie-Network" der USA sind es 16 Stationen, die im mittleren Westen zwischen Oklahoma und South Dakota über ein Gebiet von fast 1000 mal 1000 km verteilt sind. Jede enthält vier Kameras, die in die vier Himmelsrichtungen zeigen (Abb. 5). Durch eine rotierende Blende wird eine Meteorspur 20mal in der Sekunde unterbrochen, so daß aus der Länge der Teilstücke die Geschwindigkeit des Körpers berechnet werden kann. Man wollte natürlich auch versuchen, niedergefallene Meteorite anhand der berechneten wahren Bahn aufzufinden. Allen drei Netzwerken gelang es so, je einen Meteoriten zu „fangen": Příbram in der Tschechoslowakei (Fall am 7. 4. 1959), Lost City in den USA (3. 1. 1970) und Innisfree in Kanada (6. 2. 1977). Alle drei sind Steinmeteorite. Besonders wertvoll sind diese Fänge dadurch, daß aus der genau vermessenen Leuchtspur die ganze Umlaufbahn des Meteoriten um die Sonne rekonstruiert werden kann. Man erhält so Aufschlüsse über die Herkunft dieser Meteorite (siehe Teil III).

Am Ende der sichtbaren Bahn beobachtet man oft explosionsartige Erscheinungen, wobei der Meteorit oft in mehrere Teile zersprengt wird. Man nennt diesen Punkt den Hemmungspunkt, seine Bedeutung wird im Kapitel über die Meteoritenkrater näher erläutert. Die Höhe dieser Bahnenden in der Atmosphäre hängt von der Anfangsgeschwindigkeit und der Masse des Meteoriten ab. Aus Bahnbeobachtungen bestimmte Werte liegen zwischen 4 und 42 km Höhe. Für die drei fotografisch registrierten Meteoritenbahnen sind die Anfangs- und Endpunkte und ihre Geschwindigkeit am Anfang der Bahn in der folgenden Tabelle zusammengestellt:

Tabelle 1. (Nach D. O. ReVelle und R. S. Rajan, Journal Geophys. Research 84, 1979)

Name	Typ	Anfangs-gewicht	End-gewicht	Bahn-anfang	Bahn-ende	Anfangs-geschwin-digkeit
Příbram	H-Chondrit	1300 kg	53 kg*	100 km	12 km	21 km/s
Lost City	H-Chondrit	50 kg	17 kg	90 km	19 km	14 km/s
Innisfree	LL-Chondrit	15 kg	5 kg	70 km	20 km	14,5 km/s

* aus dem Verhalten der Bahn geschätztes Endgewicht, gefunden wurden nur 6 kg

Der Verlauf der Bahn wird meistens als geradlinig bis nur schwach gekrümmt gezeichnet, doch kommen Abweichungen davon vor. So teilte sich der Meteorstein von Prambachkirchen in Oberösterreich (Fall am 5. 11. 1932) in 14 km Höhe in zwei Teile und der abgesprungene Teil mit einem Endgewicht von 2 kg durchlief einen Kreisbogen von 10 km Radius. Er veränderte dabei seine Bewegungsrichtung um mehr als 180°, siehe Abb. 3.

a

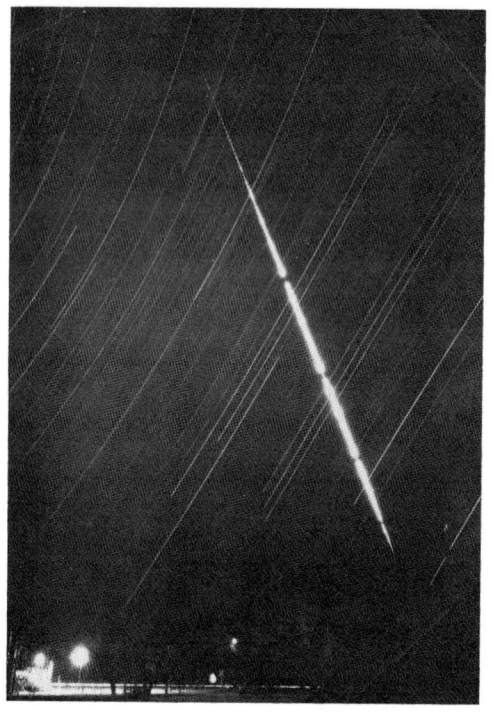

Abb. 5. a Aufnahme der Leuchtspur des Meteoriten Lost City durch eine automatische Station des Prairie-Network. Im Hintergrund die Spuren von Sternen, die während der langen Belichtungszeit entstehen. **b** Die vier Kameras mit den Filmmagazinen. (Aufnahme Smithsonian Astrophysical Observatory, Sky and Telescope 39, 1970)

Die *Farbe der Lichterscheinungen* ist verschieden, meist wird weiß, aber auch grünlich, rötlich oder gelb angegeben. Sie ist außerdem nicht an allen Stellen der Bahn die gleiche. Mit einer wechselnden Zusammensetzung der Atmosphäre in verschiedener Höhe kann die Erscheinung nicht zusammenhängen, da wir aus anderen Beobachtungen (z. B. Nordlicht) wissen, daß bis in die größten Höhen Stickstoff und Sauerstoff die Hauptbestandteile der Atmosphäre bilden. Plötzliche, oft mehrfache Lichtausbrüche sind mitunter beobachtet worden. Abb. 6 gibt

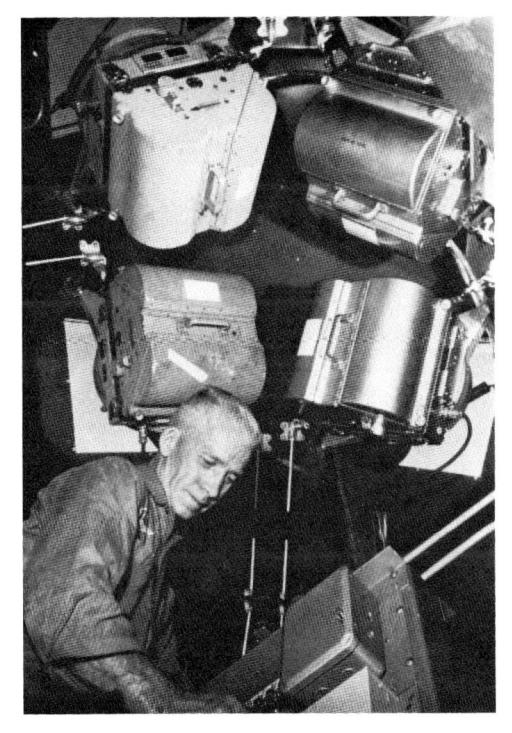

Abb. 5 b

drei solche plötzlichen Lichtausbrüche eines hellen Meteors wieder.

Die Lichterscheinung geht von einer meist rundlich oder birnenförmig gestalteten *leuchtenden Gaswolke* aus. Diese erscheint dem Beobachter viel größer als der Meteorit selbst. Wo die Berechnung des Durchmessers der Feuerkugeln nach den Berichten der Augenzeugen möglich war, ergaben sich immer mehrere Hundert Meter; z. B. bei dem Meteoriten von Pultusk 300 m, bei Treysa zur Zeit des größten Glanzes in 50 km Höhe 1000 m, die im weiteren Verlauf der Bahn auf ca. 400 m zurückgingen. Dabei beträgt der Durchmesser des Meteoriten Treysa selbst nur 36 cm.

Abb. 6. Mehrfache Lichtausbrüche eines Meteors am 26. 7. 1952, 0.08 Uhr. (Aufnahme Sternwarte Sonneberg, Thüringen, A. Ahnert)

Die Gaswolke um den Meteoriten entsteht durch intensive Verdampfung des Meteoriten. Bei den hohen Geschwindigkeiten von 15 bis 70 km/s wird die Oberfläche des Meteoriten durch Zusammenstöße mit den Luftmolekülen so stark erhitzt, daß eine dünne Schicht schmilzt und verdampft. Die entstehende Gaswolke, das Koma, wird durch weitere Zusammenstöße zum Leuchten angeregt. Dahinter entsteht ein Schweif aus ionisierten Luftmolekülen, die ebenfalls schwach leuchtet. Dieser Ionenschweif bleibt meistens nur wenige Sekunden sichtbar, man hat aber auch schon Leuchtdauern bis zu 45 Minuten beobachten können. Dieser Ionenschweif kann durch Radar geortet werden, weil er Radarwellen reflektiert. Damit ergibt sich eine weitere Möglichkeit, Meteore in der höheren Atmosphäre zu registrieren.

Bei Meteoriten, die bei Tage niedergehen, ist oft noch eine Rauchbahn zu sehen. Beim Fall des Meteoriten Sikhote-Alin (Abb. 2) hielt sie sich einige Stunden und war so dicht, daß die Sonne dahinter nur noch als schwach leuchtende, rote Scheibe erschien. Der Rauch besteht aus feinstverteiltem Meteoritenmaterial, das durch Zerstäuben der glutflüssigen Schicht auf dem Meteoriten entsteht. So wird ein erheblicher Teil der ursprünglichen Masse des Meteoriten durch Verdampfen und Zerstäuben abgetragen. Tabelle 1 zeigt, daß bei den Steinmeteoriten Lost City und Innisfree zwei Drittel und bei Přibram sogar 96% der Masse in der Atmosphäre verglühen.

Schallerscheinungen

Noch eindringlicher und erschreckender als diese auffälligen Lichterscheinungen sind *die Schallerscheinungen,* die mit dem Niedergang von Meteoriten verknüpft sind, so furchterregend, daß Menschen vor Schreck hingefallen sind, daß sie schleunigst Reißaus genommen und Deckung in Gebäuden oder unter Bäumen gesucht haben. Je nach dem Standort des Beobachters ist eine ganze Skala von Geräuschen beobachtet worden, vom donnerartigen Schlag, der die Fenster erzittern ließ, über Kanonendonner, Gewehrfeuer bis zu Geräuschen wie Wagenrollen. Auch brausende und zischende Geräusche sind oft angegeben worden.

Die Schallerscheinungen der niedergehenden Meteorite sind über sehr große Gebiete hin hörbar. Wo man Nachforschungen angestellt hat, konnte man *Hörbarkeitsgebiete* von 60–70 km Radius und mehr nachweisen. Ganz ähnlich wie bei dem Geschützdonner machen sich mitunter verschiedene Hörzonen bemerkbar, so z. B. bei dem schon erwähnten Meteoritenfall von Treysa, bei dem der innere Hörbereich einen Radius von etwa 60 km hatte, während in 95 und 120 km Entfernung nochmals Schallerscheinungen festgestellt werden konnten, wie die Abb. 7 zeigt.

Abb. 7. Hörbarkeits- und Sichtbarkeitsgebiet beim Meteoritenfall von Treysa, Hessen, am 3. 4. 1916. Die ausgefüllten Kreise sind Beobachtungen mit Schallwahrnehmungen, die leeren ohne solche. (Nach A. Wegener, Schriften d. Ges. z. Beförd. d. ges. Naturwiss., Marburg, 1917)

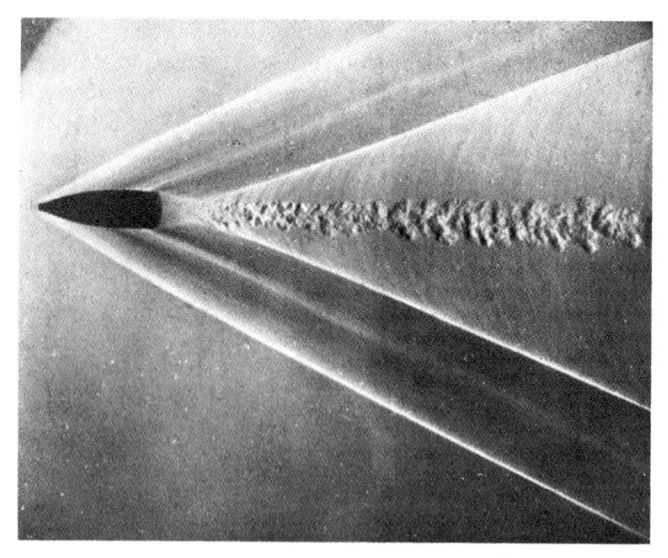

Abb. 8. Kopfwelle eines Infanteriegeschosses. (Nach P. P. Ewald, Kristalle und Röntgenstrahlen, 1929)

Die *Entstehung der Schallerscheinungen* hat uns das Experiment klargemacht. Für die Meteoriten dürften dieselben Ursachen maßgebend sein wie für die Schallerscheinungen bei sehr schnell fliegenden Geschossen. Die Abb. 8 gibt eine fotografische Momentaufnahme eines sehr schnell fliegenden Infanteriespitzgeschosses während des Fluges wieder. Wir erkennen deutlich, daß von der Spitze des Geschosses eine kegelförmige Schallwelle, die sogenannte *Kopfwelle,* ausgeht, die den donnerartigen Schlag erzeugt. Die Luftwirbel hinter dem Geschoß sowie Reflexion der Schallwellen an Wolken und an der Erdoberfläche bringen dann die mehr rollenden Geräusche verschiedener Art hervor. Das von vielen Beobachtern gehörte maschinengewehrartige Knattern entsteht durch das Absprengen kleiner Splitter von der Hauptmasse, von denen jeder seine eigene Kopfwelle erzeugt.

Die Haupttypen der Meteorite

Licht- und Schallerscheinungen sind bei allen Meteoritentypen gleichartig. Bevor wir aber die Wirkungen beim Aufschlag und die Häufigkeit der Meteoritenfälle erörtern, wollen wir uns kurz mit den verschiedenen Meteoritentypen vertraut machen (ausführlicher erfolgt es in Teil II). Der auffälligste Unterschied ist der zwischen den zu 90% aus Metall bestehenden Eisenmeteoriten und den Steinmeteoriten. Die Steinmeteorite werden in Chondrite und Achondrite unterteilt. Chondrite bestehen bis zu 80% aus etwa mm-großen Silikat-Kügelchen, den Chondren (griechisch chondros, Korn), die in eine feinkörnige Matrix eingebettet sind. Den Achondriten fehlen diese Kügelchen (griechisch a-, abwesend). Die Chondrite enthalten auch etwas metallisches Nickeleisen, die Silikatphase ist aber immer der Hauptbestandteil. Außerdem gibt es die viel seltenere Gruppe der Stein-Eisen-Meteorite, die zu etwa gleichen Teilen aus Stein- und Eisenphase bestehen. Sie sind aber nicht einfach Mischungen aus den beiden anderen Typen, sondern eine eigenständige Gruppe. Sie besteht wieder aus zwei Unterarten: den

Pallasiten und den Mesosideriten. Ihre Merkmale sowie die der anderen Haupttypen enthält die folgende Tabelle:

Tabelle 2. Haupttypen der Meteorite

Typ	Merkmal	Hauptbestandteile
Eisenmeteorite	mehr als 90% Metall, sehr schwer	Nickeleisen
Steinmeteorite	mehr als 80% Steinphase	
Chondrite	Chondren	Silikate, 3–23% Metall
Achondrite	keine Chondren	Silikate
Stein-Eisen-Meteorite		
Pallasite	cm-große Silikatkristalle in Metall	Olivin und Metall, ca. 2:1
Mesosiderite	Silikat- und Metallphase fein verwachsen	Silikate und Metall, ca. 1:1

Einwirkungen beim Aufschlag

So sinnfällig und eindrucksvoll die Licht- und Schallerscheinungen auf den Beobachter sind, so erstaunlich gering sind die Einwirkungen, die die Meteorite bei ihrem Aufschlag auf die feste Erdoberfläche hervorrufen.

Einer der schwersten Steine, dessen Fall beobachtet wurde (18. 2. 1948), ist der eine Tonne schwere Stein von Norton County in Kansas. Er schlug ein Loch von 3 m Tiefe. Wie unauffällig die Einschlagstelle von kleinen Meteoriten ist, zeigt Abb. 9. Der hier eingeschlagene Steinmeteorit St. Michel wog 7 kg. Die Löcher sind meist rundlich und gehen senkrecht nach unten oder zeigen nur geringe Abweichungen von der Lotrechten wie in Abb. 10. Sie zeigt den Einschußkanal des 2 kg schweren Steinmeteoriten von Prambachkirchen. Ähnlich geringfügig sind auch die Einschlagspuren, die man bei den oft viel schwereren Eisenmeteoriten beobachten konnte. Der größte, ganz erhaltene Eisenmeteorit des Schauers von Sikhote-Alin in Ostsibirien von 1,75 t Gewicht wurde in einem kleinen Trichter in 4 m Tiefe gefunden. Die größeren Blöcke

Abb. 9. Einschlagstelle des Meteoriten von St. Michel, Finnland, vom 12. 7. 1910. (Nach Borgström, Bull. de la Comm. Géolog. de Finlande, Nr. 34)

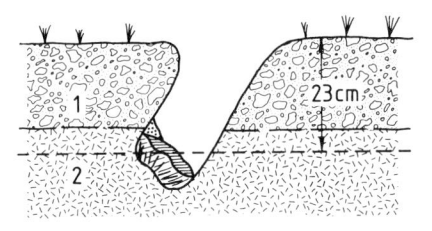

Abb. 10. Einschußkanal und Lage des Steinmeteoriten Prambachkirchen im Boden. 1 = Lockerer Oberboden, 2 = Lehm. (Aus J. Schadler, Jahrbuch Oberösterr. Musealverein 86, 1935).

des Schauers haben Trichter bis zu 26,5 m Durchmesser geschlagen und sind dabei völlig zertrümmert worden (Abb. 11).

Das soeben vorgelegte Beobachtungsmaterial, das leicht noch durch zahlreiche weitere Beispiele vermehrt werden könnte, ist in mancher Hinsicht recht verwunderlich. Daß die *Bodenbeschaffenheit* einen Einfluß auf die Aufschlagwirkungen hat, ist natürlich ohne weiteres verständlich. Je härter der Boden, desto geringer die Einwirkungen. Beim Fall auf harte Felsen werden die Meteorite, besonders die Meteorsteine, meist

Abb. 11. Inneres (Nordhang) des größten Trichters vom Eisenmeteoritenschauer Sikhote Alin vom 12. 2. 1947. Durchmesser 26,5 m, Tiefe 6 m. (Aufnahme A. Krinov)

völlig zertrümmert, ohne die geringsten Einschlagspuren zu hinterlassen.

Das Verwunderliche dagegen ist, daß zunächst ganz allgemein die Aufschlagwirkungen so gering sind, haben wir doch oben die Bemerkung gemacht, daß die Meteorite mit Geschwindigkeiten von vielen km/s in die Erdatmosphäre eintreten, Geschwindigkeiten, die die unserer schnellst fliegenden Geschosse auf der Erde um vieles übertreffen. Und trotzdem nur Wirkungen, die hinter denen von Blindgängern von Kanonen mittleren Kalibers zurückstehen. Und dann ergibt sich weiter beim Überblicken eines größeren Materials, daß bei gleicher Bodenbeschaffenheit die Intensität der Einwirkung anscheinend nur mit der Masse der Meteorite zunimmt, bei gleicher Masse ungefähr gleich groß ist, obwohl die Eintrittsgeschwindigkeit nach den Beobachtungen recht verschieden groß ist. Sie schwankt etwa zwischen 15 und 70 km/s. Die Ursache für diese Merkwürdigkeit ist in dem Vorhandensein der irdischen Atmosphäre begründet, die einen schützenden Panzer gegen die Geschosse aus dem Weltenraum darstellt, trotz ihrer „luftigen" Beschaffenheit.

Wir alle kennen den Widerstand der Luft, den wir vor allem bei höheren Geschwindigkeiten spüren, z. B. bei einer Fahrt mit dem Motorrad. Er ist vom Querschnitt eines bewegten Körpers abhängig, aber vor allem von dessen Geschwindigkeit. Beim Überschreiten der Schallgeschwindigkeit (330 m/s) nimmt der Luftwiderstand mit dem Quadrat der Geschwindigkeit zu, d. h. bei Verdoppelung der Geschwindigkeit wächst er um den Faktor 4. Meteorite mit hoher Eintrittsgeschwindigkeit werden also stärker durch die Atmosphäre abgebremst als solche mit geringer. Die Atmosphäre hat dadurch einen ausgleichenden Einfluß auf die verschieden hohen Eintrittsgeschwindigkeiten der Meteorite.

In Abb. 12 ist die Abnahme der Geschwindigkeit und der Höhe für die fotografisch bestimmte Bahn des Meteoriten Innisfree dargestellt. Die Anfangsgeschwindigkeit von 14,5 km/s bleibt in den ersten Sekunden fast gleich, während der Meteorit von 70 auf etwa 35 km herunterkommt, dann nimmt sie aber auf den letzten 15 km schnell auf 5 km/s ab. In etwa 20 km Höhe hat der Meteorit seinen vorn erwähnten „Hemmungspunkt" erreicht. Die kosmische Geschwindigkeit ist abgebremst und der Meteorit setzt seine Bahn nur noch unter dem

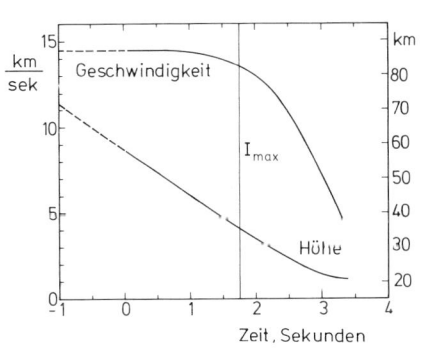

Abb. 12. Geschwindigkeit und Höhe des Meteoritenfalls von Innisfree, wie sie nach den Aufnahmen des kanadischen Kamera-Netzwerkes berechnet wurden. Bei I_{max} erreichte er seine größte Helligkeit. (Nach Halliday, Griffin und Blackwell, Meteoritics 16, 1981)

Einfluß der Schwerkraft und des Luftwiderstandes fort. Die gleichförmige Endgeschwindigkeit, mit der nun der Meteorit zur Erde niederfällt, ist, verglichen mit seiner Eintrittsgeschwindigkeit, außerordentlich gering, so gering, daß sie nicht mehr ausreicht, eine leuchtende Gaswolke zu erzeugen oder den Meteoriten durch Reibung oberflächlich zum Schmelzen zu bringen. Die Lichterscheinungen hören daher in dem Hemmungspunkt auf. Beobachter, die sich nahe genug bei der Niedergangsstelle von Meteoriten befanden, sahen diese als dunkle Körper vom Himmel fallen.

Eine Einschränkung wollen wir aber schon jetzt zu all diesen Überlegungen und Berechnungen machen. Sie gelten nur für Meteorite von der Masse, wie wir sie bis jetzt auf der Erde aufgefunden haben. Für extrem große Meteorite ändern sich die Verhältnisse in quantitativer Hinsicht sehr erheblich. In dem Abschnitt über die Riesenmeteorite werden wir darauf näher eingehen.

Noch in einer anderen Hinsicht verhalten sich die Meteorite anders, als man nach den Erscheinungen in der Luft annehmen möchte. Wie wir gesehen haben, wird die Oberfläche der Meteorite durch den Zusammenstoß mit den Luftmolekülen bis zum Schmelzen erhitzt. Die *Hauptmasse wird* bei diesem Vorgang jedoch *keinesfalls irgendwie erheblich erwärmt*. Das zeigt einmal die unmittelbare Beobachtung: Steinmeteorite, die sofort nach dem Fall aufgelesen wurden, erwiesen sich in vielen Fällen höchstens als lauwarm. Einige von ihnen fielen in Heuhaufen oder in Scheunen, ohne in dem leicht brennbaren Material Brände zu erzeugen. Auch sonst sind an den Einschlagstellen keine Brandspuren festzustellen, nur bei dem Meteorit von Alfianello, Italien (16. 2. 1883), wird angegeben, daß das Gras etwas angesengt war. Von den Eisenmeteoriten wird mitunter berichtet, daß sie noch heiß gewesen sind. So soll der Eisenmeteorit von Braunau, Böhmen (14. 7. 1847), 6 Stunden nach seinem Fall noch zu heiß zum Anfassen gewesen sein. Ein anderer Block desselben Eisens hatte jedoch Stroh vom Estrich des Hauses, in das er einschlug, nicht merklich versengt. Aber auch von Eisenmeteoriten ist bisher niemals ein Brand verursacht worden. Weiterhin kann man bei der Untersuchung der inneren Struktur der Meteorite feststellen, daß die meisten von ihnen nach ihrer Bildung nicht stärker erhitzt worden sein können, jedenfalls nicht bis in die Höhe der Schmelztemperatur. Wo man eine Erhitzung feststellen konnte, ist die „Brandzone" (s. u.) nur wenige Millimeter mächtig. Die Ursache ist darin zu suchen, daß die Erhitzung sehr schnell und nur sehr kurze Zeit erfolgt. Die Wärme hat nicht genug Zeit, um sich im Innern des Meteoriten auszubreiten, da ja die Erhitzung nur wenige Sekunden dauert. Die dünne Schmelzschicht auf der Oberfläche kühlt sich im letzten Teil der Bahn rasch ab und ist zu einer festen Kruste erstarrt, wenn der Meteorit auf der Erdoberfläche auftrifft.

Meteoritenschauer

Diese verhältnismäßig geringen Einschlagwirkungen werden auch nicht wesentlich vergrößert, wenn bei einem Meteoritenfall nicht nur ein Projektil, sondern eine mehr oder weniger große Anzahl auftritt. Solche „Schauer" sind bei Meteoritenfällen recht häufig. Die Zahl der einzelnen Stücke kann dabei bis in die Tausende gehen, bei Pultusk (1868) werden sie auf 100 000 geschätzt, viele davon waren nur erbsengroß. In Tabelle 3 sind einige große Schauer zusammengestellt. Die meisten Schauer haben Steinmeteorite geliefert, es wurden aber auch einige Eisen-Schauer beobachtet, wie der von Sikhote-Alin 1947. Von einigen Eisen wurden viele Blöcke in einer Gegend verstreut aufgefunden, so daß man annehmen muß, daß sie als Schauer gefallen sind. Das gilt z. B. für die Funde von Gibeon, Namibia (mehr als 50 Stücke), Toluca und Coahuila in Mexiko.

Die Meteorite eines Schauers verteilen sich meistens über ein elliptisch begrenztes Gebiet, wie es Abb. 13 für den Schauer von Homestead zeigt. In der Luft bewegte sich der Schauer von Süd nach Nord. Gewöhnlich fliegen die größeren Stücke eines Schauers infolge ihrer höheren kinetischen Energie am weitesten, dementsprechend finden sich am Nordende der Ellipse von Homestead die größten Einzelstücke, das schwerste davon wog 32 kg.

Tabelle 3.

Fallort und Zeit	Abmessung des Fallgebietes	Zahl der Einzelstücke	Gesamt-gewicht
Holbrook, Arizona (USA), 19. 7. 1912	4,5 · 0,9 km	ca. 14 000	ca. 218 kg
Pultusk, Polen, 30. 1. 1868	8 · 1,5 km	ca. 100 000	ca. 2 t
Homestead, Iowa (USA), 12. 2. 1875	10 · 5 km	über 100	ca. 230 kg
L'Aigle, Frankreich, 26. 4. 1803	12 · 4 km	2000–3000	ca. 40 kg
Stannern, Mähren, 22. 5. 1808	13 · 4,5 km	200–300	ca. 52 kg
Mocs, Rumänien, 3. 2. 1882	14,5 · 3 km	über 3000	ca. 300 kg
Knyahinya, Ukraine, 9. 6. 1866	14,5 · 4,5 km	über 1000	ca. 500 kg
Hessle, Schweden, 1. 1. 1869	16 · 4,5 km	—	ca. 23 kg
Khairpur, Pakistan, 23. 9. 1873	25 · 4,5 km	viele Steine	—
Sikhote-Alin, Ostsibirien, 12. 2. 1947	2,1 · 1,04 km	viele Blöcke und Splitter	ca. 70 t
Allende, Mexico, 8. 2. 1969	50 · 12 km	mehrere tausend	ca. 2 t
Jilin, China, 8. 3. 1976	72 · 8,5 km	über 200	ca. 4 t

Einer der größten Meteoritenschauer in neuerer Zeit war der von Allende in Mexiko. Am frühen Morgen des 8. 2. 1969 erschien ein heller Feuerball über dem nördlichen Mexiko und danach fielen Tausende von Steinen über ein Gebiet von 300 Quadratkilometern. Die Fallellipse ist 50 km lang und 12 km breit, der größte Stein von 110 kg wurde an ihrer nördlichen Spitze gefunden (Abb. 14). Das Gewicht der gesammelten Stücke betrug insgesamt etwa 2 t, es wird aber geschätzt, daß nur die Hälfte der gefallenen Steine gefunden wurde. Die Steine wurden auf dem harten Boden liegend ohne Vertiefung oder Einschlagtrichter gefunden (Abb. 15). Für die Wissenschaft war der Fall von Allende von besonderer Bedeutung. Die gefundenen Steine gehören zu einem relativ seltenen Typ der Steinmeteorite, den kohligen Chondriten. Ihr Material ist ursprünglicher als das anderer Meteoritentypen; es kommt der unveränderten „Urmaterie" am nächsten, aus der sich unser Sonnensystem gebildet hat. Es kam hinzu, daß 1969 die ersten Mondproben zur Erde gebracht wurden und die gleichen Labors, die neue und besonders empfindliche Untersuchungsmethoden für sie entwickelt hatten, nun auch das reichlich zur Verfügung stehende

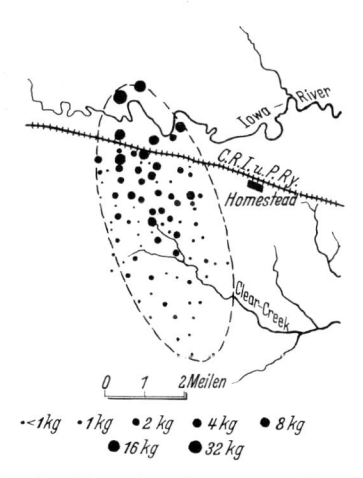

Abb. 13. Fallgebiet des Meteoritenschauers von Homestead, Iowa, USA, 12. 2. 1875. (Nach Farrington)

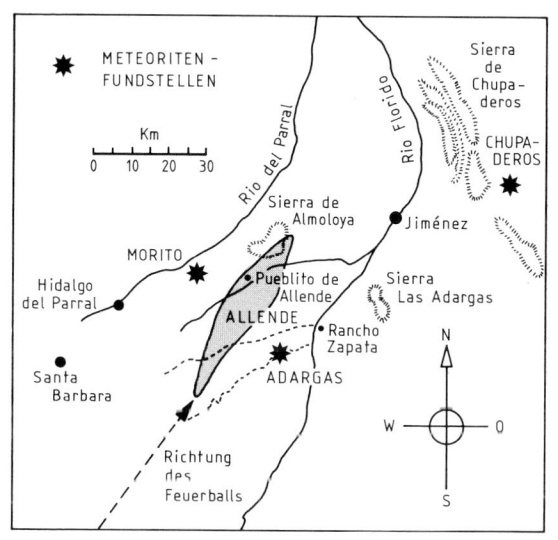

Abb. 14. Fallgebiet des Meteoritenschauers von Allende, Chihuahua Mexiko. In der gleichen Gegend wurden auch drei große Eisenmeteorite gefunden: Morito, 11 t, Fund um 1600; Adargas, 3,4 t, bekannt seit 1600; Chupaderos, 14 und 6,7 t, Fund 1852. (Nach Clarke u. a., Smithson. Contr. Earth Sci. 5, 1970)

Abb. 15. Ein Stück des Meteoriten Allende, 2 kg, wie es im Feld gefunden wurde. (Nach Clarke u. a., Smithson. Contr. Earth Sci. 5, 1970)

Material von Allende untersuchen konnten. (Das gesamte Gewicht aller vor 1969 bekannten 36 kohligen Chondrite betrug nur 420 kg, die aber auf viele, oft unzugängliche Sammlungen verteilt waren.) Viele der heutigen Erkenntnisse über unser Sonnensystem und seine Entstehung wurden an Material von Allende gewonnen. Insbesondere die weißen, Kalzium- und Aluminiumreichen Einschlüsse wurden hier zum ersten Mal ausführlich untersucht (siehe Teil III).

Aus der Oberflächenbeschaffenheit (man vergleiche darüber den Abschnitt auf S. 92) der einzelnen Stücke eines solchen Schauers ergibt sich, daß man bei einigen Meteoritenschauern annehmen muß, daß sie schon als solche in die Atmosphäre eingetreten sind. Bei anderen zeigt das Auftreten von verschieden stark geschmolzenen Flächen der einzelnen Meteorite, daß sie mindestens zum Teil erst durch Zerspringen in der Atmosphäre zustandekommen. Dieses Zerspringen wurde auch bei den fotografisch aufgenommenen Meteoritenbahnen beobachtet. So teilte sich die Bahn des Meteorits Innisfree zwischen 30 und 25 km Höhe in 6 separate Leuchtspuren. Alle 6 Fragmente wurden später auch in Abständen von wenigen hundert Metern gefunden.

Meteoritenkrater

Die bisherigen Darlegungen haben uns gezeigt, daß die Einschlagswirkungen der Meteorite von der Größe, wie wir sie auf der Erde kennen, erstaunlich geringfügig sind. Nun kennen wir auf der Erdoberfläche eine Anzahl höchst merkwürdiger Bildungen von kraterähnlichem Bau. Diese Bildungen sind einander zum Teil recht ähnlich, und einige von ihnen sind sehr gut untersucht worden. Das Ergebnis dieser Untersuchungen war nun, daß eine Anzahl von ihnen nur als Aufschlagstellen von Meteoriten gedeutet werden können. Aufschlagstellen, die in ihren Ausmaßen all das bisher Bekannte ganz gewaltig übertreffen. Man hat diese Krater „*Meteoritenkrater*" genannt. Die ungeheuren Ausmaße setzen das Aufprallen von Meteoriten von so gewaltigen Abmessungen voraus, wie sie uns auf der Erde bisher nicht bekannt sind. Das Problem ihrer Entstehung wird daher von einem Spezialproblem unserer Wissenschaft zu einem solchen von sehr allgemeiner Bedeutung herausgehoben. Ginge nämlich ein solcher Riesenmeteorit jetzt in einer dichtbesiedelten Gegend nieder, so würde dies zu einer Katastrophe von ungeahntem Ausmaße führen. Suchte er sich eine unserer Weltstädte, wie Berlin, Paris oder London, als Aufschlagstelle aus, so würde von diesen und all ihren Bewohnern wahrscheinlich nichts übrigbleiben.

Lange Zeit war nur ein einziger dieser Meteoritenkrater, der von Arizona, USA, bekannt, und gerade wegen dieser Einzigartigkeit wurden immer wieder Zweifel an seiner meteoritischen Natur geäußert. In den letzten Jahren sind jedoch noch eine ganze Anzahl solcher Krater entdeckt worden, für die mit Sicherheit, zum Teil immerhin mit Wahrscheinlichkeit anzunehmen ist, daß sie die Einschlagstellen riesiger Meteorite sind; vor einer Reihe von Jahren hat uns die Natur den wenig angenehmen Gefallen getan, uns den Niedergang eines solchen Riesenmeteoriten in Sibirien *ad oculos* zu demonstrieren. An der Tatsache, daß Meteorite von ganz anderen Abmessungen und mit ganz anderen Geschwindigkeiten, als wir sie sonst beobachten können, gelegentlich auf die Erde auftreffen, ist also nicht mehr zu zweifeln. Die großen Abmessungen und die hohe

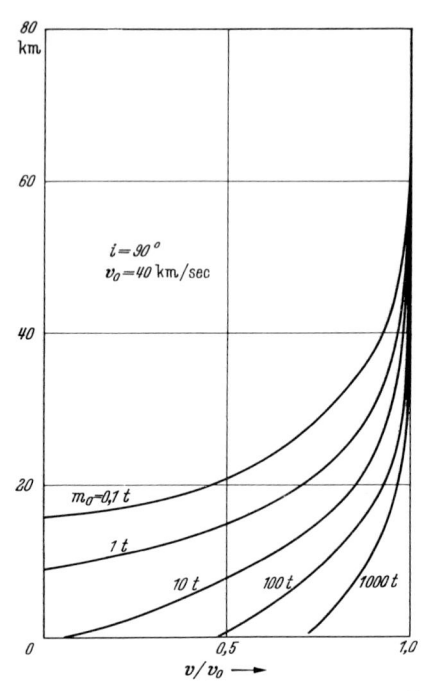

Abb. 16. Geschwindigkeitsabnahme von Meteoriten verschiedener Masse

Geschwindigkeit hängen dabei zusammen, denn große Massen können von der irdischen Atmosphäre nicht mehr abgebremst werden. Wie uns die Abb. 16 zeigt, wird der weiter vorn erläuterte Hemmungspunkt mit zunehmender Masse der Meteorite immer tiefer in die Atmosphäre verlegt, schließlich auf die Erdoberfläche selbst. Das heißt mit anderen Worten, diese Riesenmeteorite schlagen mit nur teilweise abgebremster kosmischer Geschwindigkeit auf die Erdoberfläche auf. Wie stark die Auftreffgeschwindigkeit dabei zunimmt, sei an einem Beispiel gezeigt, Abb. 16. Wie wollen eine Reihe von Meteoriten von 0,1 bis 1000 t Gewicht, senkrechtem Einfall (i = 90°) und 40 km/s Eintrittsgeschwindigkeit betrachten. Die Kurven zeigen, daß die Massen von 0,1 und 1 t in etwa 16 bis 8 km Höhe abgebremst werden. Ein Meteorit von 10 t wird unter den betrach-

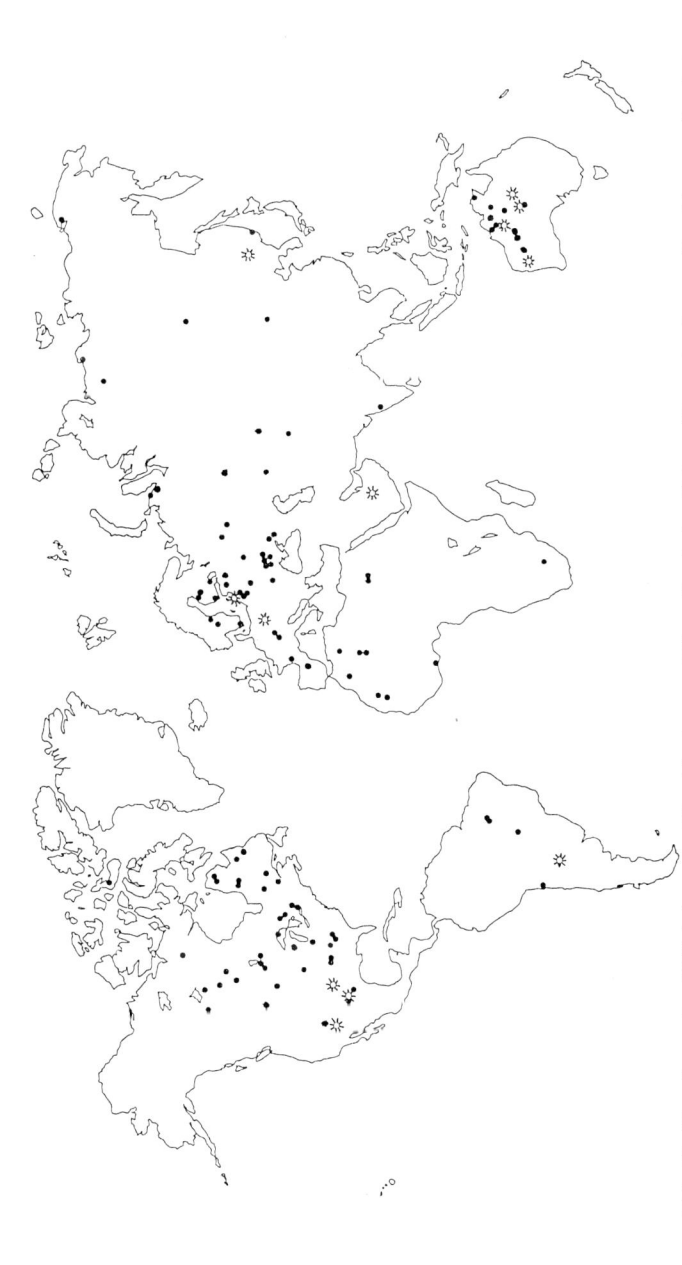

Abb. 17. Verteilung der 1987 bekannten Einschlagkrater. Offene Symbole: Sichere Meteoritenkrater. Geschlossene Symbole: Wahrscheinliche Meteoritenkrater. (Nach R. A. F. Grieve, Geol. Soc. Amer. Spec. Paper 190, 1982, und Grieve u. Robertson, Geol. Survey Canada Map 1658 A, 1987)

teten Verhältnissen gerade noch fast abgebremst, einer von etwas über 100 t schlägt dagegen mit rund 20 km/s und einer von 1000 t mit 29 km/s auf. Da die kinetische Energie $E = \frac{1}{2}\, m\, v^2$ ist (m = Masse, v = Geschwindigkeit), bewirken diese ungeheuren Zunahmen an Masse *und* Geschwindigkeit eine entsprechende Zunahme des Energieinhalts. Die Einheit der Energie ist das Joule (J), 1 Joule = 1 kg · (m/s)^2. Das ergibt für einen Eisenmeteoriten von 100 t, der beim Aufprall auf die Erde noch eine Geschwindigkeit von 20 km/s hat, einen Energiegehalt von $2 \cdot 10^{13}$ J; für ein Eisen von 1000 t, das mit 29 km/s auftrifft, $4 \cdot 10^{14}$ J. Um einen Krater von 1200 m Durchmesser, wie den unten beschriebenen von Cañon Diablo, zu erzeugen, sind noch größere Energien notwendig. Man kann aus Modellrechnungen abschätzen, daß er von einem Eisenmeteoriten von 100 000 t mit einer Auftreffgeschwindigkeit von 15 km/s erzeugt worden ist, was einer kinetischen Energie von $1{,}12 \cdot 10^{16}$ J oder etwa 1 Megatonne TNT entspricht.

Diese große kinetische Energie bewirkt nun beim Auftreffen des Körpers auf die Erdoberfläche ganz andere Phänomene als beim einfachen freien Fall der kleineren Meteorite, die in der Atmosphäre abgebremst wurden. Sie wird zum größten Teil in Wärme umgewandelt, die so groß ist, daß der Meteorit selbst explosionsartig verdampft und außerdem das Gestein an der Aufschlagstelle aufgeschmolzen wird. Der entstehende Krater ist also im wesentlichen ein Explosionskrater und unterscheidet sich schon dadurch von den einfachen Einschlagtrichtern. Die große kinetische Energie erzeugt aber außerdem eine Stoß- oder Schockwelle, die in den Gesteinen in der Umgebung der Aufschlagstelle bleibende Veränderungen hinterläßt. An diesen Veränderungen kann man so nachweisen, daß an dieser Stelle einmal ein Riesen-Einschlag stattgefunden haben muß. Wir werden diese Effekte später ausführlicher erläutern, wir wollen aber zunächst der historischen Entwicklung folgen und die Krater etwa in der Reihenfolge ihrer Entdeckung beschreiben. Die Karte der Abb. 17 zeigt die Örtlichkeiten der bis heute bekanntgewordenen Krater.

Der am längsten bekannte und am besten untersuchte Meteoritenkrater ist der von Cañon Diablo in Arizona, USA.

Abb. 18. Meteoritenkrater von Cañon Diablo, Arizona, Luftbild. (Nach einem Diapositiv der Fa. C. Zeiss)

Abb. 18 zeigt in der unteren Hälfte eine Fliegeraufnahme des Gebildes. Der Krater liegt in einem völlig ebenen, wüstenartigen Gebiet, das an der Oberfläche aus Kalkstein, in größerer Tiefe aus weißem und rotem Sandstein aufgebaut ist. Sein fast kreisförmiger Umriß (Viereck mit abgestumpften Ecken) hat einen größten Durchmesser von 1186 m, die Tiefe von der Wallkrone beträgt jetzt 167 m. Die Abmessungen werden sinnfällig durch das Bild der Stadt Jena in der oberen Hälfte der Abb. 18, in das der Umriß des Kraters im gleichen Maßstab eingezeichnet ist. Der mehr als 40 m hohe Rundwall wird teils von etwas aufgebogenen Gesteinsschichten, teils von lockerem, aus dem Krater ausgeworfenem Gestein gebildet. Darunter sind große Blöcke bis zu einem Gewicht von 4000 t. Einen Querschnitt durch den Krater zeigt Abb. 19. Der Sandstein unter dem Kraterboden ist bis in große Tiefen völlig zermürbt, schon durch den Druck der Hand zerfällt er in Staub. Zum Teil ist er

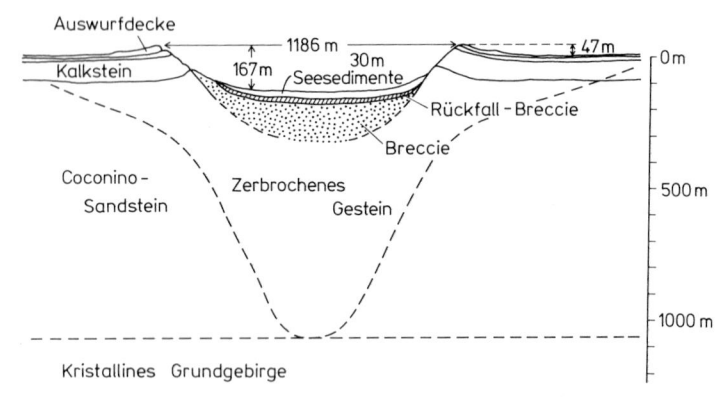

Abb. 19. Querschnitt durch den Meteoritenkrater von Cañon Diablo. (Nach Roddy, Proc. 11. Lunar Planet. Sci. Conf., 1980)

auch gefrittet und angeschmolzen. In der Tiefe jedoch liegen die Sandsteinschichten wieder völlig ungestört, ein Befund von großer Wichtigkeit. Der Kraterboden selbst wird von den Ablagerungen eines kleinen jetzt ausgetrockneten Sees gebildet.

Über das Alter des Kraters kann keine genaue Angabe gemacht werden. Eine Zeder, die auf seinem Wall wuchs, hatte ein Alter von 700 Jahren, der Krater ist also älter. Aus dem Grad der Verwitterung des Kalksteins schätzt man sein Alter auf 20 000 bis 30 000 Jahre. Es ist deshalb fraglich, ob der Niedergang des Riesenmeteoriten von den eingeborenen Indianern erlebt worden ist, obwohl sich ihre Legenden mit ihm beschäftigen. Danach soll einer ihrer Götter unter Blitz und Donner vom Himmel herniedergefahren sein und sich selbst an dieser Stelle begraben haben. Auch heute noch ist dem rechtgläubigen Indianer der Besuch des Kraters verboten, er ist ihm ein „Tabu", und es ist bezeichnend, daß sich die Indianer bei der Suche nach Meteoreisen in der Umgebung des Kraters nicht beteiligt haben.

Wo steckt aber nun das Riesenprojektil, das das Loch geschlagen hat? In der näheren Umgebung des Kraters, aber nicht in ihm selbst, hatte man schon seit langer Zeit große Mengen von Meteoreisen gefunden, insgesamt schätzungsweise über 30 t. Die Meteoreisenklumpen liegen untermengt mit dem aus dem Krater herausgeworfenen irdischen Material. Mit dem gediegenen Nickeleisen findet man noch große Mengen eines festen, rostbraunen Materials, das im wesentlichen aus den Oxiden von Eisen und Nickel, gemischt mit etwas kalkigen und anderen irdischen Bestandteilen, besteht. Wegen der häufig schichtigen Beschaffenheit haben die Amerikaner dieses Material „iron shale" = Eisenschiefer genannt. Er entsteht durch Verwitterung, wobei sich das Nickeleisen-Metall löst und dann als Oxid in der unmittelbaren Umgebung wieder niederschlägt. Bei dem in Abb. 20 wiedergegebenen Stück wird der Kern von gediegenem Nickeleisen, die schalige Randpartie dagegen von Eisenschiefer gebildet.

Aber auch wenn man all dieses meteoritische Material zusammenrechnet, so reichten die paar Tonnen natürlich bei weitem nicht aus, um das Riesenloch zu schlagen. Nach dem Urteil von artilleristischen Sachverständigen wurde Anfang dieses Jahrhunderts angenommen, daß dazu ein Projektil von etwa 150 m Durchmesser und von über 10 Millionen Tonnen Gewicht notwendig sei. Wenn es also noch in der Tiefe vorhanden

Abb. 20. Meteoreisen mit „iron shale" von Cañon Diablo. (Nach Merrill, U.S. Nat. Mus. Bull. 94)

wäre, so läge an dieser Stelle neben Millionen Tonnen von gediegenem Eisen noch ein Vorrat von Hunderttausenden von Tonnen Nickel, ferner Kobalt und Platinmetalle in ebenfalls beträchtlicher Menge, ein nicht nur in wissenschaftlicher, sondern auch wirtschaftlicher Hinsicht höchst wertvolles Objekt! Wirtschaftliche Gesichtspunkte waren es auch, die eine sehr eingehende und kostspielige bergmännische Untersuchung des Kraters veranlaßten. Der Bergbauingenieur D. M. Barringer erwarb 1903 die Schürfrechte, und bis 1920 wurden 28 Bohrungen und Versuchsschächte auf dem Kraterboden niedergebracht, die bis in 250 m Tiefe reichten. Sie haben unsere Kenntnis von dem Bau des Kraters außerordentlich vervollständigt, aber zur Auffindung des Riesenmeteoriten führten sie nicht. Nach diesem Mißerfolg wurde angenommen, daß der Meteorit schräg von Norden nach Süden aufgetroffen sei und nicht unter dem Kraterboden, sondern unter dem südlichen Kraterwall sitze. Ein neues Bohrloch wurde an dieser Stelle angesetzt, traf in der Tiefe etwas „iron shale", und in 420 m Tiefe blieb der Bohrer stecken. Eine neue Gesellschaft wurde gegründet, und außerhalb des Kraters begann man mutig gleich einen Schacht abzuteufen, um den vermuteten Meteoriten in der Tiefe zu packen. Als man jedoch etwa 200 m tief gekommen war, ersoff der Schacht. Damit fanden die Aufschlußarbeiten, deren letzter Teil allein rund eine Million Mark gekostet hatte, vorläufig ihren Abschluß. Barringer ließ sich durch diese Fehlschläge nicht entmutigen, an der Meteoritentheorie festzuhalten, auch gegen den Widerstand vieler damaliger Geologen. (Ihm zu Ehren heißt der Krater heute auch Barringer-Krater.) Denn wenn auch kein Projektil im Krater gefunden wurde, so wurde doch durch die Aufschlußarbeiten immer klarer, daß dieser Krater von dem Aufschlag eines Meteoriten herrühren muß. Die Art der Gesteine – wir finden nur Sedimentgesteine, keine Spur eines Eruptivgesteines –, die ungestörte Lagerung dieser Sedimentschichten in der Tiefe, das Auftreten von gefrittetem Sandstein und die Vermengung reichlichen meteoritischen Materials mit den Gesteinstrümmern auf dem Kraterwall schließen aus, daß wir es mit einem vulkanischen Gebilde, vergleichbar etwa einem Eifelmaar, zu tun haben. Auch eine Dolinenbildung[1], ein aus größerer Tiefe durch geologische Kräfte emporgepreßter Salzstock oder schließlich eine Explosion von Erdgasen kommen aus den erwähnten Gründen nicht in Betracht.

Noch war der Meinungskampf über die Natur des Kraters von Cañon Diablo in vollem Gange, als 1928 ein neues derartiges Gebilde bei Odessa in Texas, USA, entdeckt wurde. Dieser Krater ist zwar wesentlich kleiner (162 m Durchmesser, 30 m Tiefe), aber sonst dem von Arizona durchaus gleich. Auch hier wurden außerhalb des Kraters Stücke von Eisenmeteoriten gefunden und viel Eisenschiefer.

Und nun folgten in schneller Folge weitere Entdeckungen. 1930 fand R. A. Aldermann in Henbury, Zentral-Australien, ein Kraterfeld von insgesamt 13 Kratern, dazu außerhalb der Krater Meteoreisen. Die Stücke haben oft eine merkwürdige Form, als wären sie die zerfetzten Teile eines größeren Körpers (Abb. 21).

Abb. 21. Unregelmäßiges Meteoreisen-Stück von Henbury. Maßstab 1:2

Weitere Krater, die in Australien entdeckt wurden, waren: Boxhole, Dalgaranga und Wolf Creek. Der letztere ist mit 850 m Durchmesser der zweitgrößte der bisher bekannten sicheren Einschlagkrater (Abb. 22).

In Europa waren die Krater von Kaalijärv auf der Insel Oesel (Rigaer Bucht) schon längere Zeit bekannt. I. A. Rein-

---

[1] Dolinen sind Erdeinbrüche, die durch das Weglösen von Gestein, etwa Kalkstein, in der Tiefe entstehen.

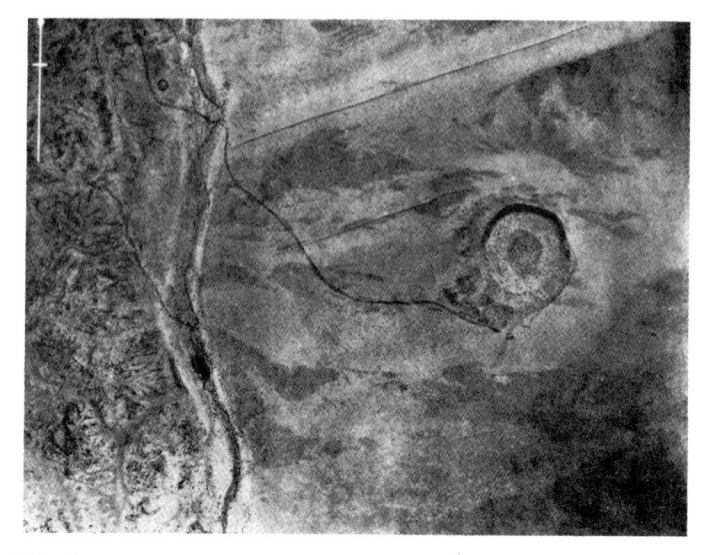

Abb. 22. Meteoritenkrater von Wolf Creek, Westaustralien. Luftbild. (Nach Guppy und Mathesun, J. of Geol., 1950)

Abb. 23. Hauptkrater von Kaalijärv, Insel Oesel. Luftbild. (Nach Reinwald, Natur u. Volk, 1940)

wald konnte 1937 durch das Auffinden von Meteoreisen beweisen, daß es sich hier auch um Meteoritenkrater handelt. Der Hauptkrater (Abb. 23), erreicht bei 110 m Durchmesser eine Tiefe von 15 m, er wird von einem kleinen See ausgefüllt. Außerdem gibt es in der Nähe sechs kleinere Krater mit 12 bis 50 m Durchmesser.

In der Tabelle 4 sind die beschriebenen Krater und einige andere zusammengefaßt. Neben diesen „sicheren" Meteoritenkratern, in deren Nähe meteoritisches Material gefunden wurde, gibt es nun andere, oft sehr viel größere und ältere Strukturen, deren meteoritische Natur man nicht so direkt nachweisen kann. Hier helfen nun die vorher erwähnten Stoßwellen-Effekte an der Aufschlagstelle. Zu ihrer Erzeugung sind Drücke von mehreren zehntausend Atmosphären (1 Atmosphäre = at = 1 bar) nötig, die nur bei Meteoriteneinschlägen auftreten, nicht aber bei normalen geologischen Vorgängen in der Erdkruste, z. B. Vulkanausbrüchen. Es sind dies mit steigendem Druck:

a) Mechanische Deformationen, die als Knickbänder (in Glimmern) oder als feine, parallel laufende Lamellen (planare Elemente in Quarz und Feldspat) sichtbar werden;
b) Umwandlung von kristallinen Mineralen in Glas (diaplektisches Glas) oder in Hochdruckmodifikationen (wie z. B. von Quarz in Stishovit oder bei noch höherem Druck in Coesit);
c) Teilweise bis vollständige Schmelzung von Gesteinen zu blasig-schlierigen Gläsern.

In der Tabelle 5 ist die Einteilung der Stoßwellen-Metamorphose in die Stufen I bis V zusammengestellt. Die angegebene „Resttemperatur" ist die Temperatur, die nach Durchgang der Schockwelle zurückbleibt.

Zu diesen nur im Mikroskop sichtbaren Veränderungen kommt noch die im Handstück sichtbare Bildung der sogenannten Strahlenkalke oder Strahlenkegel, englisch „*shatter cones*". Das sind cm bis dm große kegelförmige Gebilde, die oft in Kalksteinen besonders gut ausgebildet sind (Abb. 24). Die Kegelspitzen zeigen dabei zum Zentrum des Einschlags.

Tabelle 4. Sichere Meteoritenkrater, bei denen Meteoritenmaterial gefunden wurde

Name	Anzahl	Größter Durchmesser	Alter	Meteoritentyp
1. Barringer Krater (Cañon Diablo), USA	1	1200 m	20 bis 30000 Jahre	Oktaedrit
2. Boxhole, Australien	1	175 m	5400 Jahre	Oktaedrit
3. Campo del Cielo, Argentinien	20*	90 m	4000–5000 Jahre	Oktaedrit
4. Dalgaranga, Australien	1	21 m	—	Mesosiderit
5. Haviland, Kansas, USA	1	11 m	—	Pallasit Brenham
6. Henbury, Australien	13	150 m	5000 Jahre	Oktaedrit
7. Kaalijärv, Estland, UdSSR	7	110 m	4000–5000 Jahre	Oktaedrit
8. Morasko, Polen	7	100 m	—	Oktaedrit
9. Odessa, Texas, USA	3	162 m	50 bis 100000 Jahre	Oktaedrit
10. Sikhote-Alin, Ostsibirien, UdSSR	122*	26,5 m	Fall 1947	Oktaedrit
11. Wabar, Saudi-Arabien	2	97 m	6400 Jahre	Oktaedrit
12. Wolf Creek, Australien	1	850 m	Pliozän	Oktaedrit

* einschließlich Einschlagtrichtern

Tabelle 5. Stufen der Stoßwellen-Metamorphose (Nach D. Stöffler, Journal Geophys. Research 76, 1971)

Stufe	Höchster Druck (in GPa*)	Resttemperatur (in °C)	Stoßwelleneffekte
I	10	100	Planare Elemente in Quarz und Feldspat, Stishovit in Quarz
II	35	300	Diaplektische Gläser, Coesit und Stishovit in Quarzgläsern
III	45	900	Feldspat-Glas mit Blasen und Fließstruktur, Coesit in Quarzglas
IV	55–60	1300–1500	Vollständige Schmelze aller Minerale
V	über 80	über 3000	Silikat-Dampf

* GPa = Gigapascal. 1 GPa = 10 000 Atmosphären

Abb. 24. Strahlenkegel (shatter cones) in Malmkalk aus dem Steinheimer Becken. (Nach W. v. Engelhardt, Naturwissenschaften 61, 1974)

Bei der Kraterbildung werden die Gesteine, die durch die Stoßwellen-Metamorphose aufgeschmolzen, verändert oder nur zerbrochen wurden, durcheinander gemischt, teilweise ausgeworfen und wieder abgelagert. So entstehen die Trümmergesteine in dem und um den Krater. Diese „Impaktbreccien", die bunt gemischt Glas- und Gesteinsbruchstücke enthalten, sind ein Kennzeichen der Einschlagkrater.

Die Abb. 25 veranschaulicht die Bildung eines Einschlagkraters. Man unterscheidet drei Phasen: Kompression, Auswurf und nachträgliche Veränderung.

a) Ein Meteorit trifft mit 15 km/s auf ein festes Target auf. Der entstehende Druck beträgt mehrere Millionen Atmosphären.

b) Kompression: Meteorit und Gestein an der Aufschlagstelle schmelzen bzw. verdampfen. An der Kontaktstelle wird kegelförmig flüssiges oder dampfförmiges Material mit hoher Geschwindigkeit versprüht.

c, d) Auswurf: Eine Schockwelle breitet sich radial im Gestein aus und beschleunigt das Material zunächst nach unten, durch Wechselwirkung mit der freien Oberfläche entsteht aber auch eine horizontale Komponente. Dadurch wird das geschmolzene oder geschockte Material seitwärts aus dem Krater geschoben und schließlich auch ausgeworfen. Der Kraterrand wölbt sich dadurch auf. In der Tiefe entstehen durch die Stoßwelle Zonen abnehmender Schock-Metamorphose (siehe Abb. 29). Der primäre Krater erreicht durch den Auswurf seine maximale Größe, auf dem Grund bleibt etwas Schmelze zurück.

e) Nachträgliche Veränderung: Der Krater füllt sich wieder durch Rutsch- und Gleitvorgänge von den Rändern zur Mitte und durch Zurückfallen eines Teils des ausgeworfenen Materials in den Krater, ein anderer Teil bildet rund um den Krater die Auswurfdecken.

f) Endgültige Gestalt des Kraters.

Bei größeren Kratern kann das Zurückgleiten und -federn nach dem Auswurf des primären Kraters auch zur Ausbildung von Ringstrukturen oder eines Zentralkegels im Krater führen. Be-

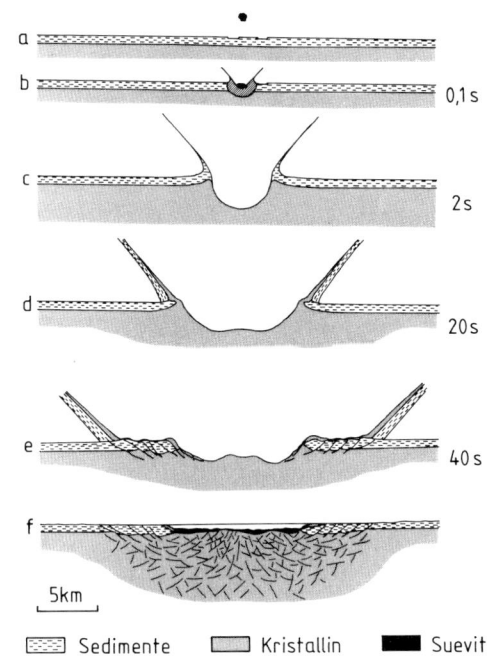

Abb. 25. Modell der Entstehung eines Einschlagkraters, Erläuterungen im Text. (Nach J. Pohl u. H. Gall, Geologica Bavarica 76, 1977)

sonders schön sind solche Zentralberge oft in großen Mondkratern ausgebildet, Reste davon finden sich aber auch in vielen irdischen Kratern, wie z. B. im Steinheimer Becken und in Siljan.

Einer der am besten untersuchten großen Einschlagkrater ist das Nördlinger Ries. Es bildet ein fast kreisrundes, flaches Becken von 22 bis 24 km Durchmesser am Nordrand der Albhochfläche der Fränkisch-Schwäbischen Alb. An seinem Rand und im Vorland liegen Decken aus Auswurf- und Trümmergesteinen (Abb. 27). Dazu gehört die „Bunte Breccie", die aus einem bunten Gemenge verschiedener Gesteinsarten besteht, und der „Suevit", der geschmolzenes Gesteinsglas in Bruchstücken oder als flachgedrückte Auswurfbomben, den

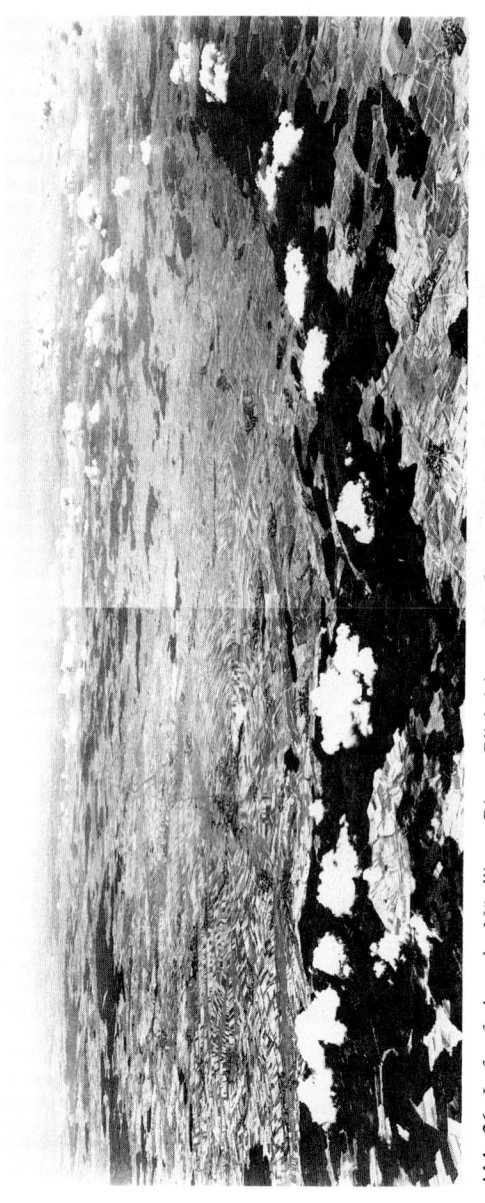

Abb. 26. Luftaufnahme des Nördlinger Rieses, Blickrichtung Nordosten (Luftbild A. Brugger, Stuttgart. Alle Rechte bei der Stadt Nördlingen)

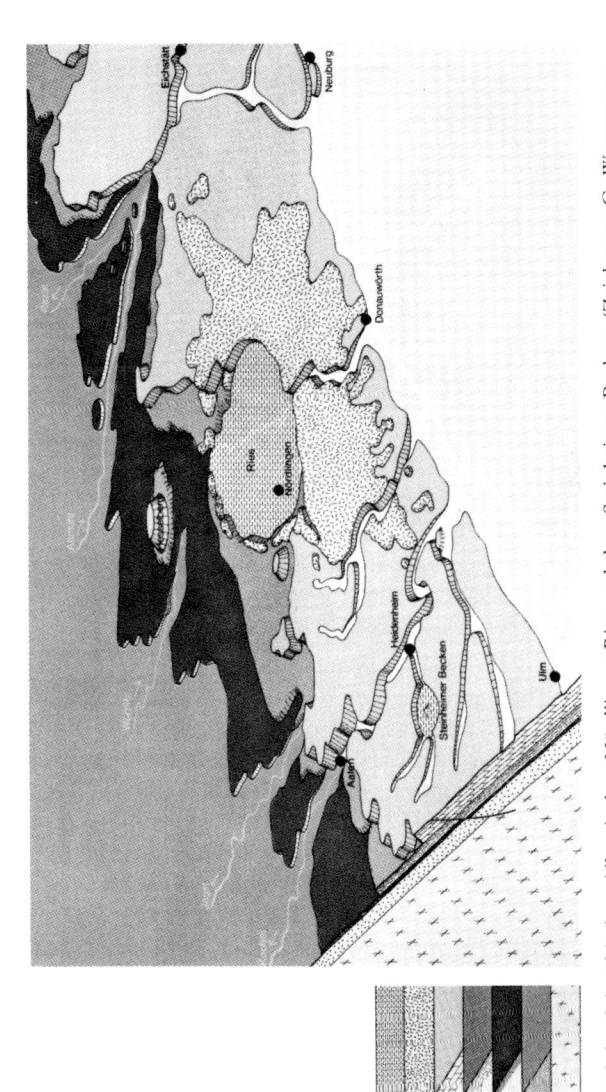

Tertiäre Seeablagerungen
Riestrümmermassen und Kraterrandschollen
Weißjura
Braunjura
Schwarzjura
Trias
Kristallines Grundgebirge

Abb. 27. Blockbild der Schwäbischen Alb mit dem Nördlinger Ries und dem Steinheimer Becken. (Zeichnung G. Wagner aus: Das Nördlinger Ries, herausgegeben vom Verein Freunde der Bayerischen Staatssammlung für Paläontologie und historische Geologie München, 1983)

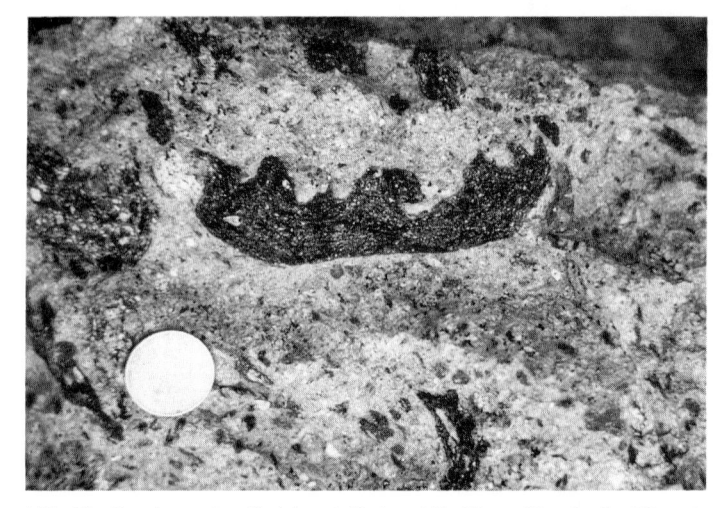

Abb. 28. Suevit aus dem Steinbruch Otting, Nördlinger Ries. In der Mitte ein schwarzer Glasfladen. Durchmesser der Münze 2 cm. (Aufnahme G. Graup)

„Flädle" (Abb. 28), enthält. Man hat diese Gesteine früher als vulkanische Tuffe gedeutet und das Ries als vulkanischen Krater. Es fehlen aber echte vulkanische Laven, wie etwa Basalte, und ebenso fehlen vulkanische Schlote oder Gänge. Dafür enthalten die Gesteinstrümmer alle Anzeichen der Schock-Metamorphose, wie planare Elemente, diaplektische Gläser und Coesit als Hochdruckmodifikation des Quarzes. Aus Modellversuchen und -berechnungen ergibt sich, daß ein Krater wie das Nördlinger Ries von einem Steinkörper von 600 bis 2000 m Durchmesser und 25 km/s Geschwindigkeit geschlagen werden kann. Bei einem Durchmesser des primären Kraters von 10 km wären 200 bis 2000mal so viel wie die Masse des Projektils aus dem Krater geschleudert worden. Aus der Verteilung der Auswurfmassen, der Bunten Breccie und des Suevits muß man folgern, daß der Körper offenbar die oben liegende 650 m mächtige Sedimentschicht durchschlagen hat und erst in etwa 1400 m Tiefe im kristallinen Urgestein explodiert ist. Abb. 29 zeigt dieses Modell der Ries-Entstehung im Querschnitt. Dabei sind etwa 3,5 km^3 Gestein verdampft, 2 km^3 geschmolzen und

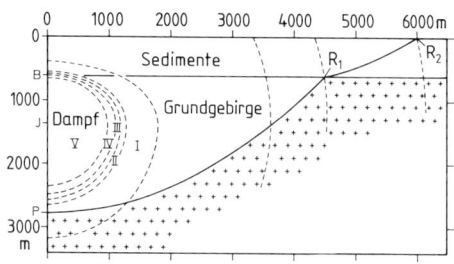

Abb. 29. Tiefenexplosionsmodell für die Bildung des Rieskraters. Das Projektil ist 1400 m tief (Punkt J) eingedrungen, bevor es explodierte. Rund um die Dampfzone V bildeten sich die Zonen der Stoßwellen-Metamorphose IV bis I. Alles Material oberhalb der Linie $P-R_1-R_2$ ist dann ausgeworfen worden. (Nach v. Engelhardt und Graup, Geol. Rundschau 73, 1984)

Abb. 30. Weißjura-Fremdscholle bei Ebermergen, sie wurde beim Riesereignis etwa 10 km weit aus dem Krater herausgeschoben. (Aufnahme H. Gall, aus: Das Nördlinger Ries, herausgegeben vom Verein Freunde der Bayerischen Staatssammlung für Paläontologie und historische Geologie München, 1983)

130 km³ bis zu 40 km weit ausgeworfen worden. Darunter befinden sich riesige Schollen von mehreren hundert Metern Durchmesser (Abb. 30).

Ein kleiner Krater von 3,4 km Durchmesser und 90 m Tiefe liegt 40 km südwestlich des Rieses, das Steinheimer Becken. In der Mitte befindet sich ein 50 m hoher Berg, der Klosterberg.

Geologische Untersuchungen ergaben eine 20 bis 70 m dicke Schicht einer Impakt-Breccie im Krater. Der Berg in der Mitte ist offenbar ein aufgewölbter Zentralkegel, in ihm finden sich gut ausgebildete Strahlenkalke. Der Krater ist gleich alt wie das Ries (15 Millionen Jahre), offenbar wurden beide Krater gleichzeitig durch ein Doppel-Projektil geschlagen.

Krater wie das Ries und das Steinheimer Becken nennt man „wahrscheinliche" Meteoritenkrater im Unterschied zu den „sicheren" Kratern, bei denen meteoritisches Material gefunden wurde. Man kennt heute zwölf sichere und über 100 wahrscheinliche Meteoritenkrater, davon liegen 26 in Europa (Tabelle 6). Bei der Verteilung der Krater über die Erdoberflä-

Tabelle 6. Wahrscheinliche Einschlagkrater in Europa
(Nach R. A. F. Grieve, Geol. Soc. Amer. Spec. Paper 190, 1982)

Name	Durchmesser (km)	Alter (Mill. Jahre)
Azuara, bei Zaragoza, Spanien	30	30 bis 100
Boltysh, Ukraine, UdSSR	25	100
Dellen, Schweden	15	230
Ilintsy, Ukraine, UdSSR	4,5	495
Janisjärvi, Karelien, UdSSR	14	700
Kaluga, Mittelrussische Platte, UdSSR	15	360
Kamensk am Donez, UdSSR	25	65
Karla, bei Kirow, UdSSR	10	10
Kjardla, Lettland, UdSSR	4	500
Kursk, Mittelrussische Platte, UdSSR	5	250
Lappajärvi, Finnland	14	77
Logoisk, Weißrußland, UdSSR	17	100
Mien-See, Schweden	5	118
Misarai, Litauen, UdSSR	5	500
Mishina Gora, bei Leningrad, UdSSR	9	< 360
Obolon, Ukraine, UdSSR	15	160
Puchezh-Katunki, Nordrussischer Landrücken, UdSSR	80	183
Ries, Nördlingen, Deutschland	24	15
Rochechouart, Frankreich	23	160
Rotmistrovka, Ukraine, UdSSR	5	70
Sääksjärvi, Finnland	5	490
Siljan, Schweden	52	365
Soderfjärden, Finnland	5,5	600
Steinheimer Becken, Deutschland	3,4	15
Vepriaj, Litauen, UdSSR	8	160
Zeleny Gai, Ukraine, UdSSR	1,4	120

che (Abb. 17) fällt auf, daß sie in bestimmten Gebieten, wie Kanada und Nordeuropa, gehäuft vorkommen. Das liegt daran, daß hier sogenannte alte „Kratone" liegen, die schon seit geologisch langen Zeiten als Kontinente bestehen und nicht von Sedimenten bedeckt oder durch Gebirgsbildungen verändert wurden. Dadurch konnten sich Krater hier besser erhalten als anderswo. In Europa ist allerdings kein Krater so gut erhalten wie das relativ junge Ries (15 Mio. Jahre) mit seinen Auswurfdecken. Die etwa gleich große Struktur von Rochechouart bei Limoges in Frankreich ist mit 160 Mio. Jahren mehr als zehnmal so alt. Sie ist nicht mehr als Krater in der Landschaft zu erkennen, sondern nur an dem Vorkommen von Einschlag-Breccien und Sueviten mit den Anzeichen der Stoßwellen-Metamorphose. Ähnliches gilt für die Krater auf dem Baltischen Schild in Nordeuropa. Die meisten von ihnen sind heute Seen, die vom ehemaligen Kraterboden gebildet werden, Kraterrand und Auswurfdecken sind nicht mehr vorhanden. Die größte europäische Struktur von Siljan in Schweden (Durchmesser 50 km) ist ebenfalls bis auf den Kraterboden abgetragen. In der Mitte befindet sich eine Aufwölbung von Granit, in der Strahlenkegel vorkommen.

Wie wir gesehen haben, werden sehr große Meteorite beim Aufprall so hoch erhitzt, daß sie vollständig verdampfen. Es ist deshalb in den großen Meteoritenkratern noch nie ein Projektil gefunden worden, und es ist auch zwecklos, es in der Tiefe durch Bohrungen auffinden zu wollen. Der entstehende Dampf kann sich aber in der Umgebung niederschlagen und so in die ausgeworfenen oder geschmolzenen Gesteine gelangen. Damit ergibt sich eine neue Möglichkeit, den Einschlag nachzuweisen und sogar die Art des Projektils zu bestimmen.

Die meisten Meteorite haben eine andere chemische Zusammensetzung als die Gesteine der Erdkruste. Sie sind z. B. viel reicher an Edelmetallen wir Iridium (Ir), Osmium (Os) und Rhenium (Re), auch reicher an Nickel (Ni). Eine Beimischung von Materie des Meteoriten führt deshalb zu einer nachweisbaren Anreicherung dieser „meteorischen Leitelemente" in der Impaktschmelze. Zusätzlich kann aus dem genauen Verteilungsmuster dieser Elemente zwischen verschiedenen Typen,

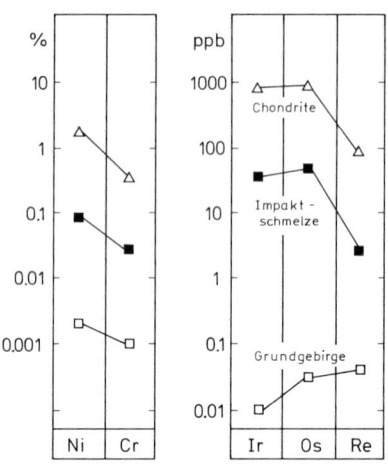

Abb. 31. Anreicherung von meteoritischen Leitelementen in der Impaktschmelze des Kraters Clearwater-East. (Nach Messungen von H. Palme, MPI für Chemie, Mainz)

z. B. Steinen und Eisen, unterschieden werden. Abb. 31 zeigt als Beispiel die starke Anreicherung der Elemente Ni, Cr (Chrom), Ir, Os und Re in der Impaktschmelze des Kraters Clearwater-East (Abb. 32) gegenüber dem Grundgebirge. Das

Abb. 32. Satelliten-Foto der beiden Einschlagkrater Clearwater-West und -East in Kanada, Durchmesser 32 und 22 km. (Aufnahme NASA)

Anreicherungsmuster folgt der Verteilung dieser Elemente in Chondriten, d. h. daß der einschlagende Körper ein Chondrit war. Allerdings sind die meteorischen Leitelemente nicht immer so deutlich nachzuweisen. Beim Ries ist eine eindeutige Bestimmung des einschlagenden Körpers noch nicht gelungen.

Zum Schluß sei noch über ein Ereignis etwas ausführlicher berichtet, das zweifellos den Niedergang eines Riesenmeteoriten darstellt, von dem man die Niedergangsstelle aufgefunden hat, aber keinen Krater und auch kein meteoritisches Material. Dieses Ereignis, das sich glücklicherweise in einer fast unbewohnten Gegend der sibirischen Taiga an der Steinigen Tunguska zugetragen hat, steckt noch voller Rästel, aber daß in der genannten Gegend ein riesiger Meteorit niederging, steht nach einer großen Anzahl von Beobachtungen außer allem Zweifel. Am Morgen des 30. Juni 1908 gegen 6 Uhr sahen die Reisenden der Transsibirischen Eisenbahn in Kansk ein Meteor von Sonnengröße von Süden nach Norden am Himmel entlangfahren. Nach dem Niedergang hinter dem Horizont im Norden hörten sie einen Donnerschlag, dem noch mehrere folgten. Der Donner war so stark, daß der Lokomotivführer den Zug anhielt, weil er glaubte, es sei im Zuge einer Explosion erfolgt. Der Aufschlag des Meteoriten war so heftig gewesen, daß Erdbebeninstrumente noch in großer Entfernung, in Irkutsk, Tiflis, Taschkent und Jena, die Erschütterung aufzeichneten. Auf den Kurvenbildern von Luftdruckmessern in England und Potsdam konnte nachträglich eine Luftdruckwelle zur selben Zeit festgestellt werden. Auch leuchtende Nachtwolken konnten mehrere Tage danach beobachtet werden.

Im Fallgebiet selbst war die Luftdruckwelle so stark, daß in der Faktorei Vanovara, rund 65 km vom Zentrum entfernt, die Fensterscheiben eingedrückt und Türen ausgehoben wurden. Ebenso wurden die Jurten der Tungusen umgeworfen und ihre Rentiere zerstreut. Menschen scheinen aber nicht umgekommen zu sein.

Erst 1927 gelang es dem Eifer und der wissenschaftlichen Begeisterung des russischen Meteoritenforschers Kulik, die Mittel für eine Expedition nach der vermutlichen Einschlagstelle flüssig zu machen. Er fand die Stelle, die man heute als

47

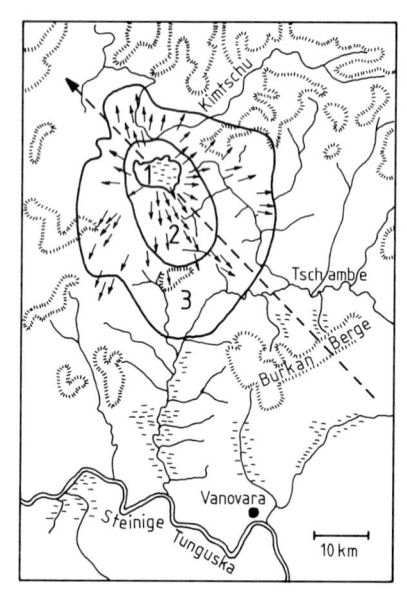

Abb. 33. Fallgebiet des Tunguser Meteoriten mit den drei Zerstörungszonen. *1:* Sumpfzone mit abgestorbenen Bäumen, *2:* Zone des Waldbrandes, *3:* Zone des Waldumbruchs. Die kurzen Pfeile geben die Fallrichtung entwurzelter Bäume an. Der gestrichelte lange Pfeil zeigt die Richtung des Feuerballs. (Nach E. L. Krinov, Giant Meteorites, Pergamon Press 1966)

Niedergangsstelle ansieht. Im Zentrum eines ungefähr kreisförmigen Zerstörungsgebietes liegt eine Sumpfzone mit einigen kleineren Wasserlöchern, die aber keine Meteoritenkrater sind (Abb. 33). Zuinnerst um das Sumpfgebiet herum liegt die „Brandzone". Hier fanden sich deutliche Anzeichen einer Verbrennung des ursprünglichen Waldbestandes. Sie erstreckt sich vom Zentralsumpf etwa 20 km nach Südosten. Nach außen folgt die „Zone des Waldumbruchs". In ihr sind die Baumstämme wie Schilf umgeknickt worden. Sie liegen, wie Erdbeobachtung und Luftbild zeigen, vom zentralen Sumpfgebiet radial nach auswärts, Abb. 33 und Abb. 34. Diese Zone erstreckt sich bis zu etwa 40 km nach Südosten. Bei einem Teil des Waldbestandes sind nur die Wipfel der Stämme abgeknickt worden. Dieses Gebiet sieht wie ein schauerlich toter Wald von

Abb. 34. Umgelegter Wald. (Nach Kulik aus Nininger, Our Stone-pelted Planet. Boston, New York 1935)

Abb. 35. „Telegrafenstangenwald". (Nach Kulik, Atlantis, 1929)

Telegrafenstangen aus, Abb. 35. Weiter nach außen stellt sich dann allmählich der normale Waldbestand wieder ein. Die zerstörende Druckwelle reichte bis in die Gegend der Faktorei Vanovara, bis hierher fand man einzelne Bäume mit gekappten Wipfeln.

Aus Bodenproben an der Einschlagstelle und einem Umkreis von 100 bis 200 km konnten Magnetit- und Silikatkügelchen isoliert werden. Sie sind wahrscheinlich beim Fall des Meteoriten entstanden, sind aber kein eigentliches meteoritisches Material. Ein Einschlagkrater existiert nicht. Man nimmt deshalb an, daß der eindringende Körper in größerer Höhe über dem Boden explodiert ist. Vielleicht war es ein Kometenkern mit relativ geringer Dichte. Es gibt auch Spekulationen, daß es sich um Antimaterie gehandelt haben könnte. Bei ihr besteht umgekehrt wie sonst der Atomkern aus negativ geladenen Partikeln und die Atomhülle aus positiv geladenen Elementarteilchen. Beim Zusammenstoß der beiden Materiearten findet eine Zerstrahlung statt, von der nichts übrigbleiben würde. Es gibt aber keinerlei Hinweise, die diese Hypothese stützen könnten.

Tektite

Die moderne Einschlagforschung hat auch ein anderes Rätsel der Geologie einer Lösung näher gebracht: das der Tektite.

Tektite sind zentimetergroße, rundliche Glaskörper, meistens grün oder braun bis schwarz gefärbt (Abb. 36–38), die offenbar geschmolzen waren (griechisch *tektos* = geschmolzen). Ihr Vorkommen ähnelt dem der Meteorite, nämlich in Streufeldern als einzelne Stücke, die keinerlei Beziehung zu ihrer Umgebung haben. Die Streufelder sind allerdings sehr groß, viel größer als selbst bei den größten Meteoritenschauern. Man kennt bisher vier Vorkommen: die Moldavite in Böhmen, die Tektite der Elfenbeinküste, das große Streufeld von Australien, Indochina und den Philippinen, und die nordamerikanischen Tektite aus Georgia und Texas. Zu allen Vorkommen auf dem Land, mit Ausnahme der Moldavite, kennt man auch Mikrotektite aus der benachbarten Tiefsee. Das sind weniger als 1 mm große Glaskügelchen, die in bestimmten Schichten der Meeressedimente gefunden werden.

Der Chemismus der Tektite ist bei allen Vorkommen ähnlich. Sie sind sehr kieselsäurereich (60 bis 80% SiO_2) und enthalten außerdem rund 10% Aluminumoxid und einige Pro-

Abb. 37. Tektit von der Insel Billiton, Indonesien (etwas verkl.)

Abb. 36. Moldavit (²/₃ natürl. Größe)

Abb. 38. Australit, knopfförmig (natürl. Größe)

zente Eisen, Magnesium, Calcium, Natrium und Kalium. Sie sind damit chemisch verschieden von allen bekannten Meteoritentypen und auch von irdischen vulkanischen Gläsern. Sie ähneln dagegen in Haupt- und Spurenelementen, wie E. Preuss schon 1935 zeigen konnte, irdischen Sandsteinen, Grauwacken oder auch Lößböden. Diese Ähnlichkeit wurde seitdem immer wieder bestätigt, so für die Seltenen Erden, die Rubidium- und Strontium-Isotope und die Blei-Isotope.

Spencer stellte 1933 die Theorie auf, daß Tektite beim Einschlag großer Körper auf die Erdoberfläche entstehen. Dabei sollen Schmelztropfen weiträumig versprüht werden und die Tektit-Streufelder erzeugen. Auf diese Idee hatten ihn die Gesteinsgläser gebracht, die in vielen Meteoritenkratern gefunden wurden. Abb. 39 zeigt ein Mikrotektit-ähnliches Glas aus dem Lonar-Krater in Indien. Die Theorie von Spencer wird heute allgemein anerkannt, denn es fanden sich zumindest für die zwei kleineren Tektitvorkommen auch die dazugehörigen Ein-

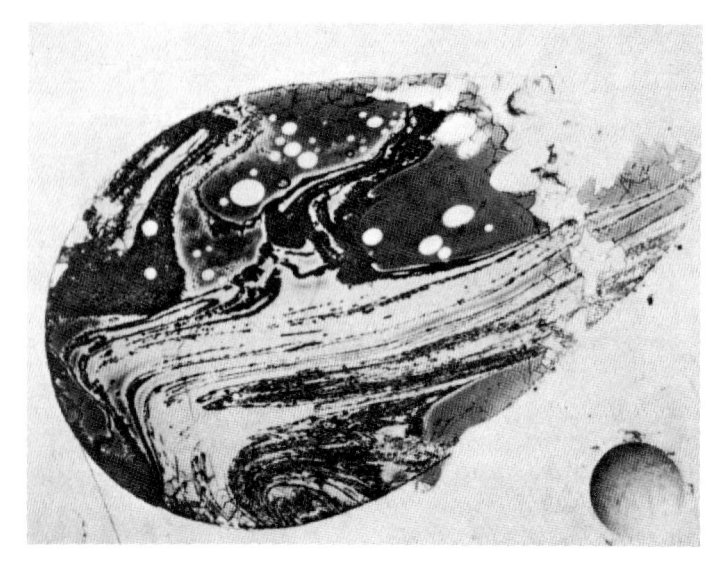

Abb. 39. Schnitt durch einen Glastropfen vom Lonar-Meteoritenkrater, Indien. Länge 0,7 mm. (Nach Fredriksson, Noonan, Nelen, The Moon 7, 1973)

schlagkrater: das Nördlinger Ries für die Moldavite (Entfernung Ries – Streufeld der Moldavite: 300 bis 400 km) und der Krater Bosumtwi in Ghana für die Tektite der Elfenbeinküste. Vor allem aber konnten W. Gentner und seine Mitarbeiter in Heidelberg nachweisen, daß diese Krater und die dazugehörigen Tektite gleichalt sind: das Ries und die Moldavite 15 Millionen Jahre, der Bosumtwi-Krater und seine Tektite 1,2 Millionen Jahre. Diese Altersbestimmungen gelangen mit den physikalischen Methoden, die im Teil III beschrieben sind. Damit ist die andere Hypothese sehr unwahrscheinlich geworden, daß nämlich die Tektite vom Mond stammen, von wo sie durch Einschläge oder Vulkanausbrüche zur Erde geschleudert wurden. Zumal es nach den Mondlandungen klar wurde, daß tektitähnliche Gesteine auf dem Mond nicht vorkommen.

Es ist noch ungeklärt, wie die Tektite bei einem Einschlag entstehen und wie sie an ihre Fundpunkte gelangen. Vielleicht sind sie nicht direkt als geschmolzene Glastropfen entstanden, sondern aus einer Wolke von verdampftem Material kondensiert. Dies nimmt der Tübinger Mineraloge von Engelhardt an, weil in den Moldaviten gewisse großionige Elemente wie Kalium, Strontium und Barium angereichert sind. Dies könnte dadurch zustandekommen, daß große Ionen in das entstehende Siliziumoxid-Gitter bevorzugt eingebaut werden.

Große Einschläge und die Geschichte der Planeten

Die inneren Planeten unseres Sonnensystems haben sich durch Zusammenballen (Akkretion) von Körpern von Staubkorngröße bis zu über 1000 km Durchmesser gebildet. In der letzten Phase der Akkretion wurde die Oberfläche der Planeten von diesen einschlagenden Körpern gestaltet. Ähnlich wie unser Mond sind auch Merkur und die älteren Gebiete des Mars von Einschlagkratern übersät. Die meisten der heute noch sichtbaren Mondkrater stammen aus seiner Frühzeit vor 4,5 bis 3 Milliarden Jahren. Die Mondgesteine zeigen die gleichen Veränderungen durch Stoßwellen wie wir sie von irdischen Einschlagkratern kennen.

Auch die Meteorite sind auf der Oberfläche ihres Mutterkörpers durch Einschläge anderer Körper verändert worden. Bei den Chondriten, den häufigsten Vertretern der Steinmeteorite, ist sogar die Umgestaltung durch solche Einschläge wahrscheinlich der einzige „geologische" Vorgang, der ihre im übrigen primitive Struktur beeinflußt hat. Dazu gehört die Bildung von Breccien aus Trümmern verschiedener Art, die Bildung von Glas und Schmelzgesteinen, Schockadern und Verfärbungen (schwarze Chondrite). Möglicherweise sind sogar die Chondren durch Einschläge als Schmelztropfen entstanden, die zu Kügelchen erstarrten. Jedenfalls kennt man solche chondrenähnlichen Schmelztropfen aus dem Mondstaub und aus dem Nördlinger Ries (Abb. 40) Wir werden darauf im Kapitel über die Entstehung der Meteorite zurückkommen.

Die Erde hat in ihrer Frühzeit sicher genausoviele Einschläge erlitten wie der Mond. Nur werden die Krater hier durch die geologische Aktivität, durch Gebirgsbildungen, Erosion und Verwitterung, bald wieder ausgelöscht. Es ist aber

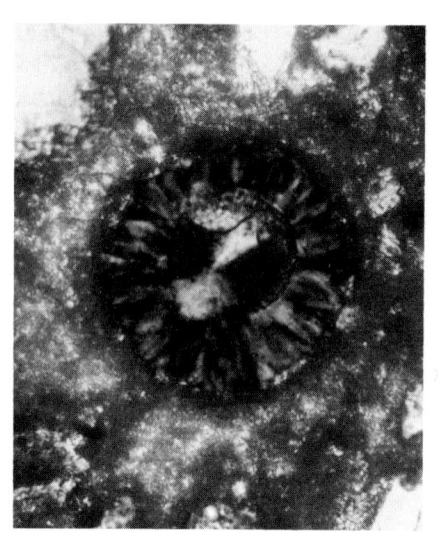

Abb. 40. Dünnschliffbild einer Schmelztropfen-Chondre aus dem Suevit von Aufhausen, Nördlinger Ries. Durchmesser 0,1 mm. (Nach G. Graup, Earth Planet. Sci. Letters 55, 1981)

wahrscheinlich, daß auch noch in der späteren Erdgeschichte durch den Einschlag von Asteroiden oder Kometen umwälzende geologische und biologische Veränderungen ausgelöst wurden. Ein solches Ereignis wird vor allem für die Wende von der Kreidezeit zum Tertiär diskutiert, weil an der Grenze zwischen diesen beiden Zeitaltern eine weltweite Anreicherung des meteoritischen Leitelements Iridium gefunden wurde. Man weiß schon lange, daß vor 65 Millionen Jahren an dieser Grenze viele Tierarten ausgestorben sind, vor allem die Dinosaurier, aber auch viele der im Meer lebenden Planktonarten. Ein ins Meer fallender Asteroid könnte eine riesige Dampf- und Staubwolke erzeugt haben und damit die Atmosphäre und das Klima so stark verändert haben, daß viele Tier- und Pflanzenarten nicht mehr überleben konnten. Nach Modellrechnungen wäre dafür ein Körper von etwa 3 bis 10 km Durchmesser nötig, der einen 150 bis 200 km großen Krater erzeugen würde. Ein passender Krater dieses Alters ist zwar noch nicht gefunden worden, aber in der langen seitdem vergangenen Zeit könnte er durch normale geologische Vorgänge schon wieder ausgelöscht worden sein.

Ob an der Kreide-Tertiär-Grenze wirklich eine solche Einschlagkatastrophe für das Aussterben der Dinosaurier verantwortlich war, ist noch umstritten. Es ist dagegen sicher, daß solche Einschläge die Erde immer wieder treffen müssen, denn es gibt erdbahnkreuzende Asteroide. Aus ihrer Zahl (etwa 1000) läßt sich berechnen, daß die Erde ungefähr alle 100 000 Jahre mit einem 500 m großen Körper zusammenstoßen muß (s. Teil III).

Diese großen Körper stellen das obere Ende des Größenspektrums der Meteorite dar, die auf die Erde fallen. Die kleineren sind natürlich viel zahlreicher, und wir wollen jetzt zu diesen „normalen" Meteoriten zurückkommen, ihre Häufigkeit sowie örtliche und zeitliche Verteilung untersuchen.

Zahl der Meteoritenfälle

Wir haben nun einiges über die Meteoritenfälle kennengelernt und fragen weiter, *wieviel* solcher *Fälle,* von denen Material in unsere Hand gelangt ist, bekanntgeworden sind. Zur Zeit dürfte Material von etwa 900 beobachteten Fällen sichergestellt sein, aber damit ist das zur Verfügung stehende Beobachtungsmaterial noch nicht erschöpft. Zu diesen 900 Fällen kommen noch rund 1700 *Funde* von Meteoriten, deren Niedergang nicht beobachtet wurde, so daß also insgesamt etwa 2600 Meteorite bekanntgeworden sind. Jedes Jahr kommt noch eine Anzahl sowohl von Fällen als auch von Funden hinzu. Die Tabelle 7 gibt einen Überblick über die Zahl der Vertreter der einzelnen Meteoritentypen, die bisher festgestellt worden sind. Die Zahlen stammen aus dem „Catalogue of Meteorites" des Britischen Museums, der alle bis 1985 bekanntgewordenen Meteorite verzeichnet.

Den Unterschied zwischen Stein- und Eisenmeteoriten haben wir bereits kennengelernt (S. 15). Die Bedeutung der übrigen in der Tabelle angeführten Bezeichnungen sind im Kapitel über die Klassifikation der Meteorite erklärt.

Tabelle 7.

	Fälle	Funde	Insgesamt
Meteorite insgesamt	905	1706	2611
Steinmeteorite insgesamt	853	960	1813
Chondrite	784	897	1681
Achondrite	69	63	132
Stein-Eisen-Meteorite insgesamt *	10	63	73
Pallasite	3	36	39
Mesosiderite	6	26	32
Eisenmeteorite insgesamt *	42	683	725
Oktaedrite	22	405	427
Hexaedrite	4	46	50
Ataxite	1	32	33

* Die Gesamtzahl enthält auch noch nicht genauer klassifizierte Vertreter

Tabelle 7 zeigt, daß die Steinmeteorite der Zahl nach ganz wesentlich überwiegen, und unter diesen wiederum die sogenannten Chondrite. Auch unter den Eisenmeteoriten gibt es eine stark vorherrschende Art: die Oktaedrite. Auffällig erscheint der Unterschied im Verhältnis der Funde zu den Fällen: bei den Steinen gibt es etwa gleich viel Funde wie Fälle, während bei den Eisen den 683 Funden nur 42 Fälle gegenüberstehen. Die Ursache dieser auffälligen Verschiedenheit liegt darin, daß die Steinmeteorite infolge ihrer großen Ähnlichkeit mit gewissen irdischen Gesteinen und wegen ihrer viel leichteren Verwitterbarkeit sich in viel stärkerem Maße der Auffindung entziehen, wenn sie nicht bald nach dem Falle aufgefunden werden. Die Eisenblöcke dagegen widerstehen der Verwitterung im allgemeinen viel besser und bilden so auffällige Fremdkörper auf der Erdoberfläche, daß sie auch dann, wenn von ihrem Fall keinerlei Nachricht vorliegt, leicht als Meteorite erkannt werden können, sobald sie jemand findet.

Örtliche und zeitliche Verteilung der Meteoritenfälle

Es liegt nahe zu untersuchen, *ob die Meteorite* auf der Erde *in bestimmten Gegenden reichlicher niederfallen* als in anderen.

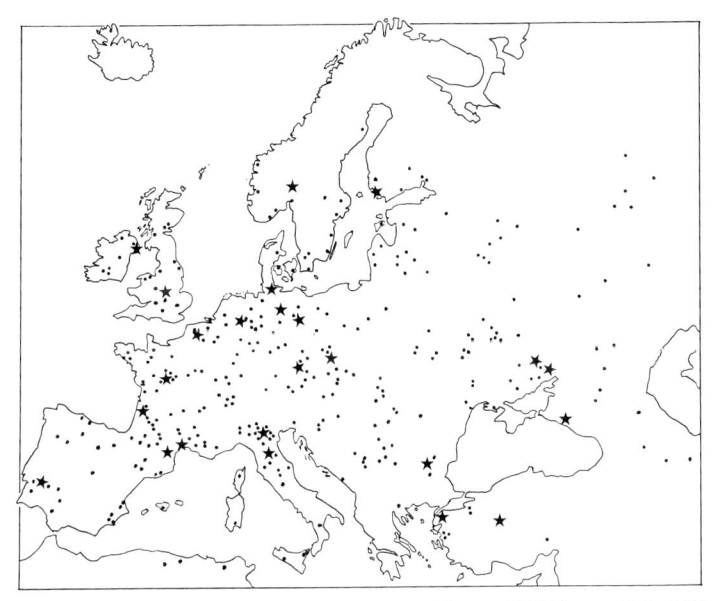

Abb. 41. Meteoritenfälle in Europa. Sterne = Fälle von 1957 bis zum 1. 3. 1988 (Fall von Trebbin)

In der Karte Abb. 41 sind alle in Europa bis zum 1. März 1988 beobachteten Fälle eingetragen. Man erkennt die sehr ungleichmäßige Verteilung: viele beobachtete Fälle in den dichter besiedelten Ländern West- und Mitteleuropas, nur wenige im dünn besiedelten Nordosteuropa. Ähnliches gilt für die ganze Erde. Von 2556 bis 1985 bekanntgewordenen Meteoriten (Fälle und Funde) entfallen auf Europa 591, auf Asien 341, auf Afrika 207, auf Amerika 1191 (davon 920 auf die USA) und auf Australien mit Neuseeland 226. Diese Verteilung hat ihre Ursache nicht in der Bevorzugung bestimmter Erdteile durch die Meteorite, sondern allein in der Dichte und dem Kulturzustand der Bevölkerung. Die höchsten Fallzahlen weisen die am dichtesten besiedelten Gebiete auf: in den USA sind es 0,18, in Europa 0,30, in Nordindien 0,49 und in Japan 0,66 Fälle, die im Jahr pro 1 Million km^2 beobachtet werden.

Wieviele Meteorite fallen nun wirklich auf die Erde? Man kann ihre Zahl aus den fotografisch aufgezeichneten Meteorbahnen abschätzen. In Kanada wurden über einem Gebiet von 1,26 Mill. km² zwischen 1974 und 1983 43 Meteorbahnen registriert, die Meteorite geliefert haben müssen (nur einer wurde allerdings gefunden, s. S. 9). Nach der Geschwindigkeit, Helligkeit und dem Endpunkt der Bahn kann sogar das Gewicht des Falles berechnet werden.

Man erhält so folgende Zahlen:

Tabelle 8. Berechnete Zahl der jährlichen Meteoritenfälle.
(Nach I. Halliday et al., Science 223, 1984)

Fläche	Mindestgewicht pro Fall		
	0,1 kg	1 kg	10 kg
1 Mill. km²	39	7,9	1,6
Landfläche der Erde	5 800	1 200	240
Gesamte Erde	19 000	4 100	830

Tatsächlich beobachtet und gefunden werden weltweit aber nur jährlich ein bis zwei Dutzend, d. h. der weitaus größte Teil entgeht der Beobachtung. Das gilt auch für dichtbesiedelte Gebiete, wie etwa die Bundesrepublik Deutschland. Auf ihrer Fläche von 0,25 Mill. Quadratkilometern müßten jährlich etwa 2 Meteorite von mehr als 1 kg fallen. Seit dem Fall des Meteoriten Kiel 1962 ist aber kein Fall mehr beobachtet worden.

Diese Ausbeute läßt sich aber durchaus verbessern, wie es H. H. Nininger in den USA gezeigt hat. Er wurde durch den Feuerball von 1923 über dem mittleren Westen der USA zur Suche nach dem niedergegangenen Meteoriten angeregt. Er fand ihn nicht, dafür aber eine Reihe anderer Meteorite. 1930 hängte er seinen Lehrerberuf an den Nagel, um sich ganz dem Meteoritensammeln zu widmen. Mit Vorträgen und Artikeln machte er vor allem die Landbevölkerung mit Meteoriten und ihrem Aussehen bekannt. So gelang es ihm im Laufe der Jahre in den Prairie-Staaten, wo die flache, steinarme Landschaft das Auffinden von Meteoriten begünstigt, eine ganze Reihe von

Abb. 42. H. H. Nininger mit seinem Sohn 1939 am Cañon Diablo Krater. Die selbstgebauten Magnetrechen dienten zum Sammeln von kleinen Eisenmeteoriten. (Aus Nininger, Arizona's Meteorite Crater, American Meteorite Museum, 1956)

Meteoriten aufzuspüren, darunter auch neue Fälle. In Kansas fand er z. B. zwischen 1923 und 1949 37 neue Meteorite, vorher waren aus diesem Gebiet nur insgesamt 15 bekannt gewesen. Ähnlich erfolgreich war er in Wyoming, Texas, Colorado und Nebraska. Besonders aktiv war er bei der Erforschung des Canon Diablo Kraters und dem Aufspüren von meteoritischem Material in seiner Umgebung (Abb. 42).

In den letzten Jahren wurde eine ganz neue Quelle für Meteorite entdeckt: die Antarktis. Nach sporadischen Einzelfunden wurden 1974/75 von einer japanischen Expedition fast 1000 Meteorite gefunden und 1979/80 3600 weitere. Amerikanische Expeditionen, an denen auch europäische Wissenschaftler teilnahmen, beteiligten sich bald an der Suche. Bis Mitte 1987 waren insgesamt 8900 Meteorite gefunden worden, davon 42 auch von einer deutschen geologischen Expedition in der Frontier Mountain Range. Die häufigsten Funde sind auch hier Chondrite (95%). Es wurden aber auch 158 Achondrite gefun-

Abb. 43. Meteoritenstücke auf einem Blaueis-Feld in der Antarktis, gefunden bei der Expedition zu den Allan Hills im Sommer 1983/84. (Aufnahme L. Schultz, Mainz)

den, die das zum Studium zur Verfügung stehende Material dieser seltenen Meteorite wesentlich vergrößert haben.

Die antarktischen Meteorite werden auf sogenannten Blaueis-Feldern gefunden (Abb. 43). Das sind schneefreie Gegenden, wo Eis an einer Barriere im Untergrund, z. B. einem Bergrücken gestaut und nach oben gedrückt wird, wo es vom Wind ständig abgetragen wird. Meteorite, die über ein weites Gebiet gefallen sind, werden vom Eis mitgeführt und können so konzentriert werden, wenn sie auf den Blaueis-Feldern wieder zutage treten (Abb. 44). Die Zerstörung der Meteorite ist hier viel langsamer als in anderen Gegenden der Erde. Messun-

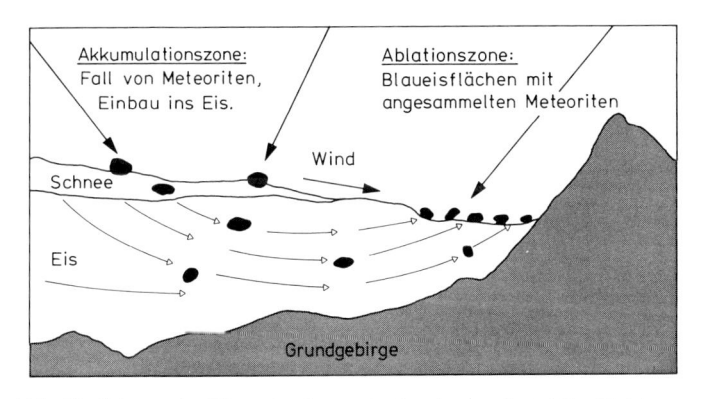

```
┌─────────────────────────────────────────────────────────┐
│  Akkumulationszone:    /  Ablationszone:                │
│  Fall von Meteoriten,  /  Blaueisflächen mit            │
│  Einbau ins Eis.       /  angesammelten Meteoriten      │
│                                                         │
│                         Wind                            │
│  Schnee                                                 │
│                                                         │
│  Eis                                                    │
│                                                         │
│                    Grundgebirge                         │
└─────────────────────────────────────────────────────────┘
```

Abb. 44. Schema der Meteoritenkonzentration in der Antarktis. (Zeichnung L. Schultz)

gen haben ergeben, daß die meisten Meteorite schon mehrere hunderttausend Jahre im Eis liegen. Mit den antarktischen Meteoriten erhalten wir deshalb einen wesentlich besseren Überblick über die meteoritische Materie im Sonnensystem als mit den nicht-antarktischen Fällen, die ja im wesentlichen nur aus den letzten 200 Jahren stammen. Von älteren Fällen fehlt die Überlieferung, und Funde sind inzwischen verwittert. Die Bestimmung des terrestrischen Alters dieser Meteorite (zur Methode siehe Teil III) ist auch für die Eisforschung in der Antarktis bedeutsam, denn auf diesem Umweg läßt sich auch das Alter des Eises ermitteln. Damit werden Aussagen über seine Bildung und Bewegung in der Vergangenheit, vielleicht auch über Klimaschwankungen, möglich.

In der Antarktis wurden auch zum ersten Mal auf der Erde Meteorite gefunden, die eindeutig vom Mond stammen müssen. Wir kommen auf sie im Teil III zurück.

Die Meteoritenfälle sollten sich statistisch gleichmäßig über die Erde verteilen, abgesehen von einer geringen Abnahme zu den Polen hin. Ihre örtliche Verteilung ist also vom Zufall abhängig. Der Zufall kann aber auch sehr unwahrscheinlich anmutende Ereignisse bewirken, wie z. B. in dem Städtchen Wethersfield in Connecticut, USA. Dort fiel am 8. 4. 1971 ein Meteorit durch das Dach eines Hauses und 11 Jahre später am

Abb. 45. Mitarbeiter des Naturhistorischen Museums der Smithsonian Institution in Washington, USA, beim Betrachten des zweiten in Wethersfield gefallenen Meteoriten. Von links nach rechts: Dr. Brian Mason, Dr. Roy Clarke, Tim Rose und Twyla Thomas. (Aufnahme Smithsonian Institution)

8. 11. 1982 ein zweiter, der ebenfalls das Dach eines Hauses durchschlug (Abb. 45). Bemerkenswert ist es auch, daß in der Nähe der Fallellipse des großen Meteoritenschauers von Allende in Nordmexiko auch drei der schwersten Eisenmeteorite gefunden wurden (siehe Abb. 14, S. 23). Hier spielen, wie bei allen Meteoritenfunden, das Klima und die Vegetation eine entscheidende Rolle: in trockenen, wenig bewachsenen Gegenden verwittern Meteorite langsamer und sie können leichter aufgefunden werden.

Wir kommen jetzt zu der zeitlichen Verteilung der Meteoritenfälle. Ist eine Regelmäßigkeit innerhalb der Fallmonate festzustellen? Diese Frage ist deshalb von Bedeutung, weil daraus Rückschlüsse auf die Beziehungen der Meteorite zu bekannten Sternschnuppenscharen oder Kometen gezogen werden können.

In Abb. 46 ist dargestellt, wie sich 731 bis Ende 1986 auf der Nordhalbkugel der Erde beobachtete und gut dokumentierte Meteoritenfälle auf die Monate des Jahres verteilen. Man erkennt zunächst, daß in allen Monaten Fälle beobachtet wurden, und zwar von allen Meteoritentypen. Es gibt also keine „Meteoritenströme" in einzelnen Monaten wie bei den Sternschnuppen und Meteoren. Es zeigt sich aber ein deutliches Maximum in den Sommermonaten Mai und Juni. Ist dies nun ein echter Effekt, d. h. fallen hier tatsächlich mehr Meteorite, oder liegt es daran, daß sich in diesen Monaten mehr Menschen im Freien aufhalten und einfach die Chancen größer sind, daß ein Fall beobachtet wird? Aussagekräftiger ist deshalb eine andere Kurve, die aus fotografierten Meteorbahnen abgeleitet wurde, die von den drei erwähnten Kameranetzwerken aufgenommen wurden. Es wurden 74 Meteorbahnen ausgewählt, die nach ihrer Charakteristik Meteorite, vor allem Chondrite, geliefert haben müssen. Man erhält dann die in Abb. 46 zusätzlich eingezeichnete Verteilungskurve. Sie wurde auf das Maximum der beobachteten Fälle im Mai normiert. Der Verlauf der Kurve

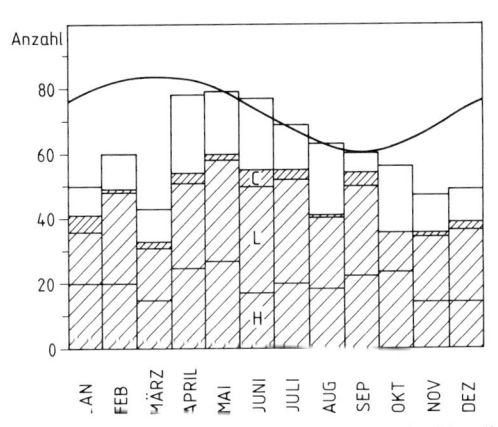

Abb. 46. Die senkrechten Balken zeigen die monatliche Verteilung von 731 auf der Nordhalbkugel beobachteten Meteoritenfällen (Stand Ende 1986, Statistik von B. Klein nach dem Meteoritenkatalog des Britischen Museums). Schraffiert: H-Chondrite (H), L-Chondrite (L) und kohlige Chondrite (C). Überlagert ist eine Kurve, die von Halliday und Griffin (Meteoritics 17, 1982) aus fotografierten Meteorbahnen für die mittleren Breiten der Nordhalbkugel berechnet wurde

zeigt dann an, wieviel Meteorite in den anderen Monaten beobachtet werden müßten, wenn das Verhältnis der tatsächlichen zu den beobachteten Fällen gleichbliebe. Wir sehen, daß die berechnete Kurve ein Maximum im Frühling hat und daß die Abnahme der beobachteten Fälle von Mai bis September der berechneten Kurve parallel läuft. Während der Wintermonate bis zum März liegt die Fallkurve aber wesentlich tiefer. Dieses Defizit wird also durch die schlechten Beobachtungsmöglichkeiten im Winter hervorgerufen. Das Maximum der aus den Meteorbahnen berechneten Fallzeiten im Frühling ist ein wichtiger Befund, denn Sternschnuppenschwärme und Kometenreste haben in dieser Zeit gerade ein Minimum, aber ein Maximum im Juli und September. Das bedeutet, daß Sternschnuppenschwärme und Meteoritenfälle wahrscheinlich nichts miteinander zu tun haben.

Interessant ist auch die Verteilung der Meteoritenfälle auf die Stunden des Tages, die Abb. 47 zeigt. Zunächst ist zu sehen, daß verständlicherweise während der Tagesstunden von 6 bis 18 Uhr, wo die meisten Menschen wach sind, wesentlich mehr

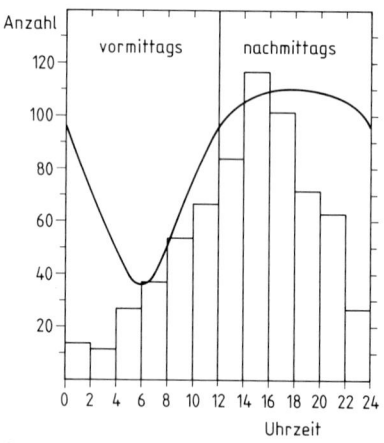

Abb. 47. Stündliche Verteilung von 671 beobachteten Meteoritenfällen (senkrechte Balken, Statistik von B. Klein nach dem Meteoritenkatalog des Britischen Museums). Die überlagerte Kurve zeigt wieder die berechnete Kurve von Halliday und Griffin (siehe Abb. 46), normiert auf das Maximum der beobachteten Fälle von 14 bis 18 Uhr

Meteoritenfälle beobachtet wurden, als während der Nachtstunden. Wenn wir aber die Tagesstunden von 6 bis 12 Uhr mit denen von 12 bis 18 Uhr vergleichen, in denen die Beobachtungsbedingungen etwa gleich sein sollten, so erhalten wir wesentlich mehr Fälle am Nachmittag (301) als am Vormittag (157). Dies gilt für die meisten Meteoritentypen, es wurden immer etwa doppelt so viele Fälle am Nachmittag beobachtet wie am Vormittag: bei den H-Chondriten sind es 92 zu 48, bei den L-Chondriten 117 zu 49, bei allen Chondriten zusammen 250 zu 119 Fälle. Interessanterweise gilt dies aber nicht für die Achondrite, bei denen die Anzahl der Fälle etwa gleich ist, nämlich 20 zu 19.

Diese Fallstunden sind insofern von Belang, als sie gewisse Aussagen über die Bewegungsrichtung der Meteorite zulassen. Alle, die von Mittag bis Mitternacht fallen, haben die gleiche Bewegungsrichtung wie die Erde, während die mit den Fallstunden von Mitternacht bis Mittag ihr entgegen kommen oder auch von ihr überholt werden. Aus der Skizze der Abb. 48 geht

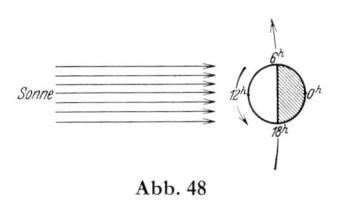

Abb. 48

dies ohne weiteres hervor. Das ist natürlich von Bedeutung für die Geschwindigkeit, mit der die Meteorite in die Erdatmosphäre eintreten. Bei gleicher Bahnrichtung ist die Eintrittsgeschwindigkeit die Differenz zwischen der Eigengeschwindigkeit der Erde (durchschnittlich 29,77 km/s) und der des Meteoriten. Kommt der Meteorit dagegen der Erde entgegen, so addieren sich natürlich die beiden Eigengeschwindigkeiten. Meteorite mit großer Eintrittsgeschwindigkeit werden aber bei ihrem Fluge durch die Atmosphäre stärker erhitzt und stärker abgeschmolzen als solche mit geringerer.

In Abb. 47 haben wir den beobachteten Fällen wieder die aus den fotografierten Meteorbahnen errechnete Verteilung überlagert. Diese hat ein ausgeprägtes Minimum bei 6 Uhr, also nahe dem Apex der Erde auf ihrer Bahn um die Sonne, und ein breites Maximum auf der gegenüberliegenden Seite zwischen 15 und 21 Uhr. Die Mehrzahl dieser Bahnen läuft also gleichsinnig wie die Erde um die Sonne. Wir sehen, daß der Anstieg der Fälle von 6 bis 15 Uhr etwa dieser Verteilungskurve parallel läuft, daß sich aber ein starkes Defizit in den Abend- und Nachtstunden ergibt. Irgendwelche Beziehung zu den Sternschnuppenschwärmen zeigt auch die Stundenverteilung der Meteoritenfälle nicht.

Über die Gefährlichkeit niedergehender Meteorite

Und nun zu einer praktischen Seite der Meteoritenfälle, die den Menschen unmittelbar angeht. Wohl haben wir gesehen, daß die Einschlagswirkungen der gewöhnlichen Meteorite nicht sehr erheblich sind, trotz Donner und Blitz, mit denen sie herabsausen. Aber immerhin, wenn man bedenkt, daß die Meteorite in der Mehrzahl über ein Kilogramm schwer sind und daß mitunter 100 000 Steine herabprasseln, so kann man sich vorstellen, daß es nicht zu den angenehmsten Situationen gehört, wenn man gerade an der Stelle ihres Niederganges zu verweilen gezwungen ist. Nun, die Geschichte und die Statistiken bieten in diesem Falle Trost. Es ist bisher *noch kein* einziger, *sicher beglaubigter Fall vorgekommen, daß ein Mensch von einem Meteoriten erschlagen worden ist*. Wohl gibt es zahlreiche Erzählungen, in denen dies behauptet wird. So wird die Bibelstelle Josua 10, Vers 11, in der von dem Kampf der Kinder Israels gegen die Amoriter die Rede ist: „Als sie sich nun auf der Flucht vor den Israeliten am Abhang von Beth-Horon befanden, ließ der Herr große Steine vom Himmel bis nach Aseka hin auf sie herabfallen, so daß sie dadurch den Tod fanden; die Zahl derer, die durch den Steinhagel das Leben verloren, war weit größer als die Zahl derer, die durch das Schwert der Israeliten gefallen waren" (Menge-Bibelübersetzung), als ein Beispiel für den Niedergang eines Meteoritenschauers mit tödlichen Folgeerscheinungen angesehen. Weiter soll 1511 in Cremona und 1650 in Mailand je ein Mönch getötet worden sein,

1674 sollen zwei schwedische Matrosen auf ihrem Schiff umgekommen sein. Alle, sowohl diese alten Berichte als auch solche aus neuester Zeit – vor einigen Jahren soll in einem Balkanstaat ein Hochzeitsgast im Wagen, weiter ein Kind in Japan und schließlich 1906 der Rebellengeneral T. Catillianis im Feldlager getötet worden sein – haben kritischer Untersuchung nicht standgehalten. Vielleicht am meisten in Gefahr sind drei Kinder in Braunau in Böhmen gewesen. 1847 fiel ein 17 kg schwerer Eisenmeteorit in die Kammer, in der sie schliefen, und die Trümmer der durchbrochenen Decke bedeckten sie, doch nahmen sie keinen ernstlichen Schaden. Leicht verletzt wurde eine Frau durch den Meteorstein von Sylacauga, Alabama, USA, vom 30. November 1954. Der Stein von 3,855 kg Gewicht durchschlug das Dach ihres Hauses und die Zimmerdecke und fiel auf sie.

An und für sich ist es natürlich möglich, daß einmal ein Mensch von einem Meteoriten getroffen wird. Aber die *Wahrscheinlichkeit ist sehr gering*. Wir müssen immer wieder bedenken, wie außerordentlich gering der Anteil der Erdoberfläche ist, den die Menschen mit ihren Körpern bedecken. Amerikaner haben ausgerechnet, daß die Wahrscheinlichkeit, daß in den USA ein Mensch von einem Meteoriten getroffen wird, einmal in 9300 Jahren besteht. Ein tröstlicher Bescheid! Immerhin ist es bemerkenswert, daß selbst große Schauer, die zum Teil in dichtbesiedelten Gegenden niedergingen, keinen Menschen verletzt haben. Eine weitere Rechnung der Amerikaner hat ergeben, daß von je 66 niedergehenden Meteoriten nur einer in ein Dorf oder in eine Stadt fällt.

Von *Tieren, die von Meteoriten getötet wurden,* besitzen wir nur wenig Berichte. So soll z. B. 1911 ein Hund von dem Meteoriten von Nakhla in Ägypten und 1860 ein Füllen von einem Stein des Meteoritenschauers von New Concord, Ohio, USA, erschlagen worden sein. *Gebäude* dagegen sind *mehrfach beschädigt* worden, so z. B. von den Meteoriten von Ausson (1851), Barbotan (1790), beide in Frankreich, Benares (Indien, 1798), Braunau (Böhmen, 1847), Mäßing (Bayern, 1803) und Pillistfer (Livland, 1863). Auch der Meteorit von Kiel durchschlug bei seinem Fall 1962 ein Dach, siehe Abb. 49.

Abb. 49. Einschlagstelle des 738 g schweren Steinmeteoriten Kiel vom 26. 4. 1962 auf einem Blechdach, Durchmesser des Loches etwa 10 cm. (Nach W. Schreyer, Natur und Museum 94, 1964)

Historisches über die Meteorite

Die auffälligen Fallerscheinungen setzen natürlich nicht nur jetzt die Menschen in Schrecken und Furcht, sie haben es in noch stärkerem Maße in den vergangenen Zeiten getan, in denen die Ansichten über die Natur und Beschaffenheit des Himmelsraumes durch Glauben und Mythos bestimmt waren. Jene hellaufleuchtenden und schnell dahinfahrenden Sterne, die den Eindruck erweckten, als fielen sie aus der ewig ruhenden Schar ihrer Brüder heraus, erregten größtes Interesse, das noch verstärkt wurde, als man manche dieser herabfallenden Sterne fand und auflesen konnte. Die *Geschichte* der Erkenntnis der wahren Natur unserer Meteorite ist daher sehr reizvoll, insbesondere stellt sie ein warnendes Beispiel für den Naturwissenschaftler dar, ihn erinnernd, stets zwar mit Kritik, aber auch ohne Voreingenommenheit an die Erklärung von Phänomenen heranzugehen.

Das wissenschaftliche Studium der Meteorite ist erst rund 200 Jahre alt, aber die Kenntnis dieser Gebilde durch den Menschen reicht viel weiter zurück. Wahrscheinlich hat der Mensch schon lange, ehe er Eisen erschmelzen konnte, das Material von aufgefundenem Meteoreisen benutzt, um daraus Gegenstände verschiedener Art herzustellen, wie das bis vor kurzem noch bei den Eskimos und einigen Negerstämmen der Fall gewesen ist. Aus den Forschungsergebnissen der vergleichenden Sprachwissenschaft wissen wir, daß das Wort „Eisen" in manchen Sprachen in Beziehung zu dem Begriff „Himmel", „Stern" steht, so z. B. das griechische Wort für Eisen — *sideros* und das lateinische Wort für Sterne = *sidera*. Im Altägyptischen bedeutet das Wort für Eisen „Metall vom Himmel" und in einem Inventarium des Schatzhauses eines Hethiterkönigs wird Eisen als „Eisen vom Himmel" angeführt wie Gold und Silber von den verschiedenen Bergwerken. Andere Völker haben mit diesen Himmelsgaben offensichtlich nichts anzufangen gewußt, obwohl sie sich in den von ihnen bewohnten Ländern nicht selten finden, so die Australneger und die Indianer. Mit dieser frühzeitigen Verwendung und der Wertschätzung durch die Alten hängt es wohl auch zusammen, daß in der Alten Welt jetzt viel weniger Eisenmeteorite gefunden werden als in der Neuen Welt. Von dem Eisenschauer, der in vorgeschichtlicher Zeit auf die schon sehr lange besiedelte Insel Ösel niederging, haben sich nur nach intensivem Suchen und Graben einige kümmerliche Reste gefunden, während in Südwestafrika, Südamerika, Mexiko und Australien Tonnen von Meteoreisen herumliegen, ohne daß sie nennenswert verarbeitet wurden.

Die *alten Kulturvölker,* die Chinesen, Ägypter, Griechen und Römer, brachten den Meteoriten lebhaftes Interesse entgegen und haben vielfach Aufzeichnungen über Fälle und auch über gefundene Meteoriten hinterlassen. Von dem Chinesen Mu Tuan Lin (1245 1325) wurden in der großen chinesischen Enzyklopädie Fälle aus ungefähr zwei Jahrtausenden zusammengestellt.

In Nogata in Japan wird seit über tausend Jahren ein Meteorit als Schatz in einem Shinto-Schrein aufbewahrt. Nach alten Aufzeichnungen fiel er am 19. 5. 861 mit Blitz und Donner auf das Tempelgelände. Eine 1982 vorgenommene Untersuchung bestätigte, daß es sich um einen Meteoriten handelt, und zwar um einen L-Chondriten. Es ist damit der älteste beobachtete Meteoritenfall, von dem noch Material vorhanden ist, für den lange der Fall von Ensisheim im Elsaß von 1492 galt.

Bei Anaxagoras, Plutarch, Livius, Plinius und manchen anderen alten Schriftstellern finden sich Mitteilungen über Meteoritenfälle. Nur einige Beispiele seien genannt. Etwa 625 v. Chr. ging ein Steinregen in den Albaner Bergen bei Rom nieder, 465 v. Chr. ein Stein in Thrazien am Flusse Ägos. Mit großer Feierlichkeit wurde etwa 204 v. Chr. ein schon früher in Phrygien gefallener Stein nach Rom überführt.

Die Meteorite wurden als herabgefallene Sterne oder als Botschaften der Götter angesehen und waren demgemäß häufig *Gegenstand religiöser Verehrung*. So sollen das Bildnis der Göttin Diana in Ephesus und das Heiligtum im Tempel der Venus von Zypern Meteorite gewesen sein. In Rom wurde zur Zeit des Numa Pompilius ein vom Himmel gefallenes Meteoreisen in Form eines kleinen Schildes verehrt, an dessen Besitz die Weltherrschaft geknüpft sein sollte. Um einen Verlust durch Diebstahl zu verhindern, ließen die klugen römischen Priester elf weitere eiserne Schilde von genau gleicher Form anfertigen. Mitunter wurden die Meteoritenfälle auch auf Münzen verewigt. Abb. 50 gibt eine solche Münze wieder, die auf den Tod Cäsars Bezug nimmt. Auch der „Hadshar al Aswad", das Allerheiligste der Kaaba in Mekka, ein schwarzer, in Silber gefaßter Stein, soll ein Meteorit sein. Offenbar haben auch die Indianer Meteorite besonders verehrt. Darauf deuten die Fundumstände bei dem 24 kg schweren Steinmeteoriten Winona hin. Er wurde

Abb. 50. Meteoritenmünze

in einer Steinkiste vergraben in den Ruinen des Elden Pueblo in Arizona gefunden.

Aus den Meteoreisen wurden vielfach schon in alter Zeit *Waffen* aller Art hergestellt. Aus Arabien sind Degenklingen bekannt, die ihrem Besitzer Unverwundbarkeit verleihen sollten. Der Mogulkaiser Dsehangir ließ 1621 Säbel, Dolch und Messer aus Meteoreisen fertigen, und noch in neuerer Zeit wurden für den Sultan von Solo auf Java aus dem Eisen von Prambanan (bekannt seit 1797) Kris (Dolche der Malaien) hergestellt, die von ihm zu fürstlichen Geschenken benutzt wurden. Auch zur Herstellung von Messern und Nägeln wurde Meteoreisen vielfach benutzt. Größere Blöcke dienten als Amboß. Oft findet man deshalb in Eisenmeteoritenfunden die Spuren von Schmelz- oder Schmiedeversuchen.

Auch im *Mittelalter* sah man die Meteorite, ähnlich wie die Kometen, als ein Zeichen Gottes an, aber im Gegensatz zu dem Altertum als ein Zeichen seines Zornes. Der Eisenmeteorit Elbogen aus Böhmen war im Mittelalter als „der verwünschte Burggraf" bekannt. Die Sage berichtet, daß der böse Burggraf des Schlosses von Elbogen bei Karlsbad in dieses Eisen (107 kg schwer) verwandelt wurde. Es wurde erst im Burgverlies, später im Rathaus von Elbogen aufbewahrt, wo heute noch ein Stück davon zu sehen ist.

Der älteste *europäische* Meteoritenfall, *von dem noch Material vorhanden ist,* ist der von Ensisheim im Elsaß. Am 16. November (gregorianischer Kalender) 1492, 11 Uhr 30, fiel der Meteorstein nach einer heftigen Detonation zu Boden. In der Abb. 51 ist der Fall nach einem zeitgenössischen Flugblatt wiedergegeben. Sebastian Brant (1457–1521) verfaßte ein lateinisches Gedicht dazu, dessen zeitgenössische Übersetzung hier abgedruckt sei

„Als man zalt viertzehnhundert Jar / Uff sant Florentzen tag ist war
Nüntzig vnd zwei vmb mittentag / Geschah ein grüsam donnerschlag
Dry zentner schwer fiel diser stein / Hie in dem feld vor Ensisheim
Dry eck hat der verschwertzet gar / Wie ertz gestalt vnd erdes var
Ouch ist gesehen in dem lufft / Slymbes fiels er in erdes Klufft
Clein stück sind komen hin vnd har / Vnd wit zerfüert sust sichst in gar
Tünow, Necker, Arh, Ill vnd Rin / Switz, Uri, hort den Klapff der In,
Ouch doent er den Burgundern ver / In forchten die Franzosen ser
Rechtlich sprich ich das es bedüt / Ein bsunder plag der selben lüt."

Von dem donnerstein gefallē im xcij. Iar: vor Enfisheim

Abb. 51. Meteoritenfall von Ensisheim, Elsaß

Der größte Teil des Steines wird noch heute im Rathaus zu Ensisheim aufbewahrt (55¾ kg, s. Abb. 52). Kaiser Maximilian benutzte den Fall in einem Aufruf als Zeichen Gottes gegen die Türken. Auch der Steinfall in der Ortenau (1671) sollte „ein Zorneszeichen des Höchsten und ein Prognostikum sein der steinernen Türken Herzen und grimmigen Hundesart, die sie gegen das teuere Christenblut zu verüben pflegen".

Die zeitgenössischen Gelehrten wußten mit dem Stein von Ensisheim nichts anzufangen. Sie erklärten den Fall schließlich für ein Wunder Gottes. In späterer Zeit, besonders im Zeitalter der „Aufklärung" (18. Jahrhundert), lehnte die wissenschaftliche Welt diesen Wunderglauben ab, und da sich unter den Berichten über Meteoritenfälle viele falsche, übertriebene und phantastische befanden, schüttete man das Kind mit dem Bade aus und verwies auch die gut beglaubigten kurzerhand in das Reich der Ammenmärchen und „Absurditäten". Besonders die französische Akademie zeichnete sich darin aus. Der 1768 gefallene Meteorit von Lucé (Frankreich) wurde von einer ihrer Kommissionen, der der berühmte, damals allerdings erst 25jährige Chemiker Lavoisier angehörte, als eine Art Eisenkies erklärt. Über den von dem Bürgermeister und dem Stadtrat gut beglaubigten Steinregen von Barbotan (Frankreich, 1790) schreibt der französische Gelehrte Bertholon: „Wie traurig ist

Abb. 52. Meteorstein von Ensisheim

es, eine ganze Munizipalität durch ein Protokoll in aller Form Volkssagen bescheinigen zu sehen, die nicht nur von Physikern, sondern von allen Vernünftigen zu bemitleiden sind." Und in Deutschland schrieb X. Stütz: „Freylich, daß in beiden Fällen (Meteorite von Hraschina, Kroatien, 1751, und Eichstädt, Bayern, 1785) das Eisen vom Himmel gefallen sein soll, mögen wohl im Jahre 1751 selbst Deutschlands aufgeklärte Köpfe bei der damals unter uns herrschenden schrecklichen Ungewißheit in der Naturgeschichte und der praktischen Physik geglaubet haben, aber in unserer Zeit wäre es unverzeihlich, solche Märchen auch nur wahrscheinlich zu halten." Trotz dieser Ablehnung hielt Stütz die beiden Meteoriten doch für bemerkenswert genug, daß er sie und andere aufhob und somit den Grundstock zu der berühmten Wiener Meteoritensammlung legte.

Es war ein Deutscher, der als erster aufgrund unvoreingenommener Studien den Mut hatte, der herrschenden autoritären Ansicht entgegenzutreten: der durch seine Untersuchungen über akustische Probleme wohlbekannte Physiker Chladni, geboren 1756 zu Wittenberg, gestorben 1827 in Breslau. Auf seinen zahlreichen Reisen hatte er unter anderem auch die Nachrichten über Meteoritenfälle gesammelt, und in seinem 1794 erschienenen kleinen Büchlein: „Über den Ursprung der von Pallas gefundenen und anderer ihr ähnlicher Eisenmassen und über einige damit in Verbindung stehende Naturerscheinungen" stellte er fremde und eigene Beobachtungen über die Meteoriten zusammen und kam zu dem Schluß, daß diese von den Feuerkugeln abstammten und außerirdischen Ursprungs sein müßten. Seine Ansicht stieß zunächst auf stärksten Widerstand und wurde vielfach verlacht. Ja, jene Mystifikationen zugängliche Zeit glaubte sogar, er habe sich damit nur über die Physiker, die ihm vielleicht Glauben schenken würden, lustig machen wollen. Sein berühmter Kollege Lichtenberg äußerte sich über das Buch: „Es sey ihm bey dem Lesen der Schrift anfangs so zumute gewesen, als wenn ihn selbst ein solcher Stein am Kopf getroffen hätte." Von anderen wurde Chladni zu denjenigen gerechnet, „die alle Weltordnung leugnen und die nicht bedenken, wie sehr sie an allem Bösen in der moralischen Welt schuld sind". Die Natur aber kam Chladni zu Hilfe. 1803 ging ein großer Meteorsteinregen in L'Aigle (Frankreich) nieder, der, von einwandfreien Zeugen beglaubigt, auch von der Akademie in Paris anerkannt werden mußte.

Es ist Brauch geworden, über die Naturwissenschaftler der Zeit bis zu Chladnis Anerkennung wegen ihrer engstirnigen Stellungnahme den Stab zu brechen. Man muß damit wohl etwas vorsichtig sein. Keiner dieser Wissenschaftler war selbst Zeuge eines Meteoritenniederganges gewesen. Auch Chladni nicht, er konnte neues und eigenes unwiderlegbares Beobachtungsmaterial nicht vorlegen. Es galt also zu entscheiden, wie weit man den vorliegenden, nur von Laien verfaßten Berichten Glauben schenken konnte. Schon oben wurde darauf hingewiesen, daß diese Laienberichte sehr oft phantastisch, kritiklos und falsch sind, jeder Meteoritenforscher auch unserer Zeit kann ein Lied davon singen. In der damaligen Zeit, als die Naturwissenschaften gerade begonnen hatten, sich von Bevormundungen aller Art freizumachen und ihre Vertreter nur das anerkennen wollten, was sie selbst durch Beobachtungen bestätigen konnten, stand ihnen die Erfahrung von über 150 Jahren, die die

Meteoritenforscher von heute haben, noch nicht zur Verfügung. Es war für sie offensichtlich sehr schwer, die überwiegend falschen Berichte von den richtigen zu unterscheiden. Das Problem der Anerkennung des Niederfalles von Meteoriten war daher gar kein naturwissenschaftliches mehr, sondern ein psychologisches: es galt, Zeugenaussagen richtig zu bewerten. F. A. Paneth hat zuerst auf diesen Umstand hingewiesen und zugleich festgestellt, daß Chladni, ehe er Naturwissenschaftler wurde, Jurist gewesen war, also ein Fach studiert hatte, das sich ganz besonders mit der Bewertung von Zeugenaussagen zu befassen hat.

Nachdem Chladni zur vollen Anerkennung gekommen war, setzte ein reges Sammeln und Untersuchen von Meteoriten ein. Sie waren damit auf einmal zu höchst interessanten Körpern geworden, zu dem damals einzigen Mittel, über den stofflichen Bestand außerirdischer Körper Aufschluß zu erhalten.

Mit dieser stofflichen Natur der Meteoriten wollen wir uns in den nächsten Kapiteln beschäftigen, nachdem wir die hauptsächlichsten Erscheinungen kennengelernt haben, die mit dem Zusammentreffen dieser Himmelskörper mit unserer Erde verbunden sind. Doch zuvor noch zwei Abschnitte mit einem praktischen Hintergrund.

Das Niedergehen eines Meteoriten erfolgt im allgemeinen so selten und so plötzlich, daß Fachleute nur zufällig einmal Beobachtungen darüber machen können. Wir sind daher in dieser Hinsicht sehr auf die *Mithilfe der Allgemeinheit* angewiesen. Die Plötzlichkeit dieser Ereignisse bringt es nun mit sich, daß die allermeisten nicht fachmännischen Beobachter völlig überrascht sind, um so mehr, als ihnen ein solcher Fall meist nur einmal im Leben vor Augen kommt. So ist es durchaus verständlich, daß das gelieferte Beobachtungsmaterial oft recht lückenhaft ist. Nebensächliche Erscheinungen werden als wichtig angesehen und gemerkt, während wichtige Beobachtungsdaten übersehen, vergessen oder ungenau festgestellt werden.

Worauf ist nun besonders bei einem Meteoritenfall zu achten?

Zunächst eine ganz allgemeine Regel: alle Beobachtungen, besonders zahlenmäßige, möglichst umgehend zu Papier bringen! Man glaubt nicht, wie unzuverlässig das Gedächtnis ist. Und nun einige Punkte, auf die besonders geachtet werden muß.

1. Zu welcher Zeit (Tag, Stunde, Minute) erschien der Meteorit? Möglichst umgehend Uhrvergleich mit Normaluhr.
2. Wie lange dauerten die Lichterscheinungen von der ersten Wahrnehmung an bis zum Erlöschen? Sekunden zählen (ein-und-zwanzig usw.), zum Nachsehen auf der Uhr ist meistens keine Zeit. Die Zählung der angegebenen Art ist besser als jede sonstige Schätzung.
3. Wie hell und wie groß war die Erscheinung? Vergleich mit Sternen, Mond.
4. Welche Form hatte die Lichterscheinung? Funkensprühen, Aufblitzen, Zerplatzen usw. Skizze!
5. Welche Farbe hatte die Lichterscheinung in den verschiedenen Teilen der Bahn?
6. War ein leuchtender Schweif, eine Rauchwolke oder eine sonstige Spur zu bemerken?
7. Wie lange blieb diese Spur am Himmel? Ihre Gestalt und Farbe?
8. *Wie lag die Bahn der Feuerkugel am Himmel?* Eine möglichst genaue Antwort auf diese Frage ist von besonderem Interesse. Bei Sternhimmel Orientierung nach Sternen und Sternbildern, bei trübem Wetter oder bei Tage an Objekten auf der Erde, Häusern, Kirchtürmen, Bäumen, Bergen. Genaue Festlegung des Beobachtungsstandortes! Höhenbestimmung nach Graden ist nur bei sehr gut Eingeübten von einiger Sicherheit. Vor allem den Endpunkt der Bahn sorgfältig bestimmen!
9. Wieviel Minuten und Sekunden verstrichen zwischen dem ersten Aufleuchten und dem Eintreffen der ersten Geräusche?

10. Welcher Art war das Geräusch? Donnern, Knallen, Krachen, Rollen, Brausen, Zischen usw. Wie lange dauerte es?
11. Welche Zeit verstrich zwischen dem Niederfallen und dem ersten Auffinden des Meteoriten?
12. War der Meteorit heiß oder kalt? Brandspuren? Rauch? Geruch?
13. Ist ein Meteorit oder sind mehrere gefallen? Feststellung des Gewichtes und der Größenabmessungen. Bei mehreren Skizze der Fallpunkte mit Gewichtsangabe. Herumfragen in der Nachbarschaft. Die einzelnen Stücke liegen oft kilometerweit voneinander entfernt.
14. Wie war der Boden und die Umgebung der Einschlagstelle beschaffen? Acker, Wiese, Wald, Weg, Sand, feucht, trocken, gefroren usw. Wurden Bäume oder Gebäude beschädigt?
15. Wie tief drang der Meteorit in den Boden ein? Bei mehreren Stücken Einzelangabe von Größe und Gewicht. Wurde er beim Aufschlag zerbrochen?
16. Welche Form, Abmessung und Neigung hatte der Schußkanal?
17. Erreichte der Meteorit den Boden vor oder nach den Schallerscheinungen?

Wer fotografiert, soll alle dazu geeigneten Erscheinungen möglichst vielseitig aufnehmen, immer mit irgendeinem Maßstab (Person, Spazierstock, Münze, usw.).

Woran kann man einen Meteoriten erkennen?

Es gibt kein Merkmal, das für sich allein erlauben würde, Meteorite von irdischen Gesteinen oder Kunstprodukten zu unterscheiden. Nur durch die Kombination mehrerer Kennzeichen gelingt diese Unterscheidung. Die einzelnen Merkmale sind im Teil II ausführlicher beschrieben.

Bei den Steinmeteoriten sind es:

- die Schmelzkruste (S. 93),
- die charakteristischen Vertiefungen in der Oberfläche, die Fingerabdrücken ähneln (S. 92),

- das Vorkommen von metallischen Eisenkörnern in steiniger Umgebung (S. 96),
- das Auftreten von kleinen Kügelchen, den Chondren (Abb. 53 und S. 96).

Es gibt aber Steinmeteorite, denen einige dieser Kennzeichen fehlen. So zeigen Achondrite keine Metallkörner und keine Chondren. Andererseits gibt es irdische Gesteine, die Metall führen. Sie sind allerdings sehr selten, man kennt nur zwei Vorkommen: die Basalte vom Bühl bei Kassel und von Ovifak in Grönland. Häufiger sind irdische Gesteine mit Kügelchen-Struktur, z. B. die Oolithe. Deren Kügelchen sind aber anders aufgebaut als die Chondren und können vom Fachmann von diesen unterschieden werden.

Für Meteoreisen ist das Auftreten der *Widmanstättenschen Figuren* (s. S. 113) nach dem Ätzen mit Säuren bezeichnend (Abb. 54a u. b). Man hat diese Figuren noch niemals bei irdischem oder künstlichem Eisen gefunden. Es können aber auch Eisenstücke, die diese Figuren nicht zeigen, trotzdem echte Meteorite sein.

Charakteristisch für alle Meteoreisen ist ein *ständiger Gehalt an Nickel und Kobalt,* und zwar für das erstgenannte Metall ein

Abb. 53. Bruchfläche des Chondriten Bjurböle. Links und oben zwei größere Chondren. (3mal vergrößert)

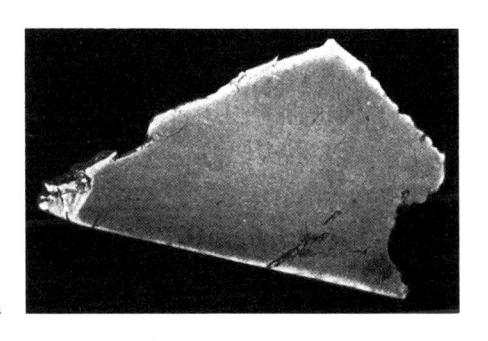

Abb. 54 a, b. Meteoreisen von Toluca, Mexiko. a poliert, ungeätzt; b geätzt. Etwa 2:1

solcher von etwa 5 bis 20%. Irdisches gediegenes Eisen ist zwar auch nickelhaltig, aber entweder in geringerem (ca. 3%) oder stärkerem Maße (ca. 35%). Der Nickelgehalt kann mit verhältnismäßig einfachen Mitteln nachgewiesen werden. Eine Methode dafür ist im Anhang angegeben.

Hat der Leser aufgrund der angeführten Merkmale Verdacht, daß ein Stein oder ein Metallstück ein Meteorit sei, so wende er sich an ein Naturhistorisches Museum in seiner Nähe. Oder, besser noch, er schicke das Stück zur völlig kostenlosen Untersuchung an eines der im Anhang angegebenen Institute, die sich speziell mit der Untersuchung von Meteoriten beschäftigen. Er soll sich jedoch nicht allzuviel Hoffnung machen. Von 100 eingeschickten Meteoriten sind erfahrungsgemäß 99 keine echten. Aber der Hunderste kann vielleicht gerade von großem Wert für die Wissenschaft sein. Deshalb auch die dringende

Bitte an alle, die einen Meteoriten gefunden haben, ihn mit der Sorgfalt und dem Respekt zu behandeln, die einem solchen einzigartigen und unersetzbaren Objekt zustehen! Jedes Zerbrechen, Hämmern oder gar Erhitzen vermindern ihren wissenschaftlichen (und pekuniären) Wert ganz erheblich.

II. Das Meteoritenmaterial

Kosmischer Staub

Gewicht und Größe der Meteoriten sind außerordentlich wechselnd. Am unteren Ende der Größenskala steht der *Kosmische Staub*. So bezeichnet man Partikel, die kleiner als etwa 0,1 mm sind. Es gibt davon zwei Sorten: zum einen solche, die beim Fall durch die Atmosphäre nicht aufgeschmolzen wurden und unverändert auf der Erdoberfläche ankommen (Mikrometeorite), zum anderen Schmelzkügelchen, die in der Atmosphäre entstehen. Die Erde sammelt pro Jahre etwa 10 000 t kosmischen Staub auf, das Problem für den Meteoritenforscher besteht darin, diesen von der großen Menge irdischen Staubes zu unterscheiden. Man hat dafür zwei Wege gefunden:

1. Das Auffangen des kosmischen Staubes in der Stratosphäre und
2. das Abtrennen von kosmischen Kügelchen aus Tiefsee-Sedimenten oder aus arktischem Eis.

Die erste Methode ist mit amerikanischen U2-Flugzeugen gelungen, die in 20 km Höhe in der Stratosphäre locker-poröse Partikel eingefangen haben (Abb. 55). Sie enthalten Olivin und Pyroxen, Magnetit, wasserhaltige Silikate und Eisen-Nickel-Sulfide und ähneln damit den kohligen Chondriten. Sie enthalten wie diese auch einige Prozent Kohlenstoff und sind in ihrer allgemeinen chemischen Zusammensetzung ihnen ähnlich. Sie sind aber noch feinkörniger, ein 10 Mikrometer großes Aggregat enthält bis zu eine Million verschiedene Einzelkörner. Man nimmt an, daß die meisten von ihnen von Kometen stammen.

Die Tiefsee-Kügelchen (Abb. 55) können am einfachsten mit einem Magneten aus den Sedimenten abgetrennt werden.

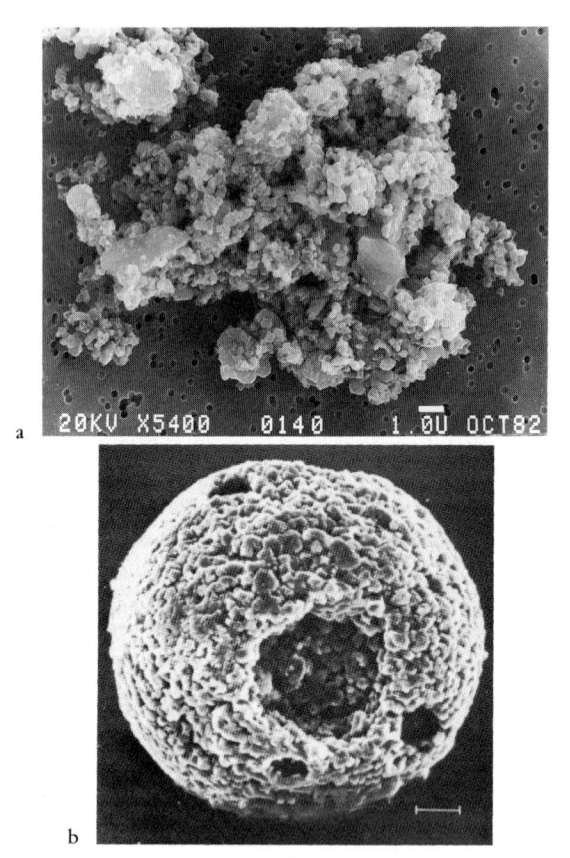

Abb. 55 a, b. Kosmischer Staub, aufgenommen mit dem Raster-Elektronenmikroskop. **a** Poröses Aggregat aus der Stratosphäre, Maßstab 1 µm. **b** Tiefsee-Kügelchen, Maßstab 10 µm (a nach Bradley, Brownlee, Veblen, Nature 301, 1983, b nach Parkin, Sullivan, Andrews, Nature 266, 1977)

Sie sind magnetisch durch ihren Gehalt an Magnetit, daneben enthalten sie meistens Olivin und manchmal noch einen Kern von metallischem Nickeleisen. Sie sind wohl zum größten Teil durch Abbrand von Meteoriten in der Atmosphäre entstanden, ihre Zusammensetzung ist ähnlich der der Schmelzkruste von

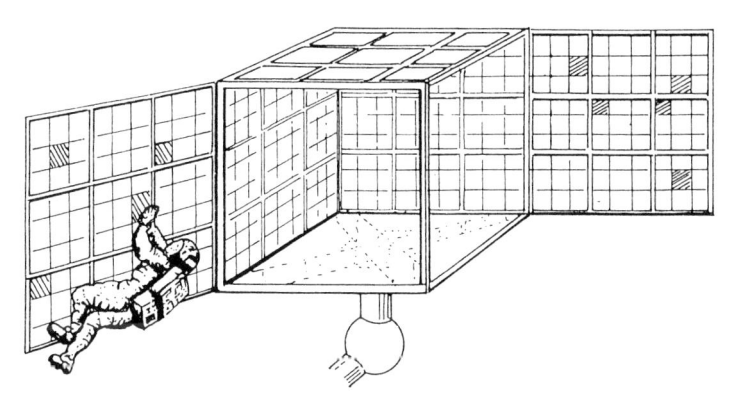

Abb. 56. Entwurf für einen Kosmischen-Staub-Detektor, der mit einer Raumstation um die Erde kreisen soll. Auf jeder der 3 × 3 m großen Seitenflächen des Würfels können neun Sammel- oder Nachweis-Experimente untergebracht werden. (Nach J. A. M. McDonnell, LPI-Technical Report 86-05, 1986)

Meteoriten. Es gibt darunter wahrscheinlich auch einige, die direkt als Mikrometeorite gefallen sind.

Neuerdings wurden Anreicherungen kosmischer Kügelchen auch im Grönland-Eis gefunden. Die Kügelchen, die im Inneren Grönlands auf das sehr saubere Eis fallen, werden lokal angereichert, wenn sich flache Schmelzwasser-Seen bilden, wo sie in kleinen Vertiefungen zusammengeschwemmt werden.

Auf jeden Fall scheint im kosmischen Staub auch Material vorzukommen, das unter den Meteoriten sonst nicht vertreten ist. Das ist vor allem lockere und poröse Materie, die als größeres Stück den Flug durch die Atmosphäre nicht überleben kann, wie z. B. das Material von Kometen. Vielleicht gibt es darunter sogar interstellare Körner von außerhalb unseres Sonnensystems. Man plant deshalb, den kosmischen Staub mit großen Auffanggeräten auf Raumstationen zu sammeln und auch mit besonderen Detektoren Bahn und Geschwindigkeit einzelner Körner zu bestimmen, so daß Aussagen über ihre Herkunft möglich werden (Abb. 56).

Größe der Meteorite

Bei den Steinmeteoriten herrschen Stücke von Faust- bis Kopfgröße vor, Stücke über 50 kg sind selten. Bei einigen Meteoritenschauern gibt es häufig auch sehr viele kleinste Individuen, wie die schon erwähnten „Pultusker Erbsen" beim Fall von Pultusk 1868. Viel beträchtlicher ist gewöhnlich das Gewicht der Eisenmeteorite, hier sind Massen von 50 bis 100 kg keine Seltenheit. Der in Abb. 57 wiedergegebene Eisenmeteorit Treysa (Fall 3. 4. 1916) wog 63 kg, sein Durchmesser betrug 36 cm, das Eisen von Buey Muerto, das Abb. 62 auf S. 89 zeigt, wog 75 kg, Durchmesser 40 cm. Der schwerste Eisenmeteorit, dessen Fall beobachtet wurde, ist ein Block aus dem Schauer von Sikhote-Alin in Sibirien 1947, er wiegt 1,75 t. In Tabelle 9 sind einige der schwersten Meteorite zusammengestellt.

Zu der Tabelle noch einige Bilder und Worte. Der schwerste bis jetzt bekannte Steinmeteorit ist Jilin mit 1,8 t. Er fiel in einem Meteoritenschauer, der insgesamt 4 t lieferte (siehe Tabelle 3), und wurde an der Spitze der Streuellipse in einem 6 m tiefen Loch gefunden. Der schwerste Eisenmeteorit ist der etwa 60 t wiegende Meteorit Hoba in Namibia, der noch an seiner Fundstelle liegt (Abb. 58). Sein Nickelgehalt beträgt 16,2%, so daß hier auf engstem Raum ein Nickelvorrat von 9,7 t vorhanden ist, und ein Kobaltvorrat von 456 kg. Geschäftstüchtige Leute wollten schon darangehen, diese Metallvorräte zu ge-

Abb. 57. Meteoreisen von Treysa, Hessen. Etwa 8mal verkleinert. (Nach Richarz, Schriften zur Beförderung d. ges. Naturw. Marburg, 1917)

Tabelle 9.

Fall- oder Fundort	Falldatum oder Fundjahr	Typ	Gewicht	Befindet sich in
1. Steinmeteorite				
Jilin, China	8. 3. 1976	H-Chondrit	1,8 t	Jilin
Norton County, USA	18. 2. 1948	Achondrit	1,07 t	Albuquerque
Long Island, USA	1891	L-Chondrit	564 kg	Chicago
Paragould, USA	17. 2. 1930	LL-Chondrit	408 kg	Chicago
Bjurböle, Finnland	12. 3. 1899	L-Chondrit	330 kg	Helsinki
Hugoton, USA	1927	H-Chondrit	325 kg	Tempe, USA
Knyahinya, UdSSR	9. 6. 1866	L-Chondrit	293 kg	Wien
2. Stein-Eisen-Meteorite				
Huckitta, Australien	1937	Pallasit	1,4 t	Adelaide
Krasnojarsk, UdSSR („Pallas-Eisen")	1749	Pallasit	700 kg	Moskau
Brenham, USA	1882 bis 1947	Pallasit	450 kg 215 kg 212 kg 173 kg 162 kg 100 kg	–
3. Eisenmeteorite				
Hoba, Namibia	1920	Ni-reicher Ataxit	ca. 60 t	am Fundort
Cape York, Grönland		mittl. Oktaedrit		
Ahnighito (Das Zelt)	1894		30,9 t	New York
Die Frau	1894		3 t	New York
Der Hund	1894		400 kg	New York
Savik I	1913		3,4 t	Kopenhagen
Agpalilik	1963		20 t	Kopenhagen
Bacubirito, Mexiko	1863	feinster Oktaedrit	ca. 22 t	Culiacan, Mexiko
Armanty, China	1898	mittlerer Oktaedrit	20 t	am Fundplatz
Campo del Cielo, Argentinien		grober Oktaedrit		
El Mesón de Fierro	1576		15 t	am Fundplatz?
Otumpa	1803		900 kg	London
El Toba	1923		4,2 t	Buenos Aires
El Mataco	1937		1 t	Rosario, Argentinien
El Taco	1962		2 t	Washington
(ohne Namen)	1969		18 t	am Fundplatz
Mbosi, Tansania	1930	mittl. Oktaedrit	16 t	am Fundplatz
Willamette, USA	1902	mittl. Oktaedrit	14,1 t	New York
Chupaderos, Mexiko		mittl. Oktaedrit		
Chupaderos I	1854		14,1 t	Mexico City
Chupaderos II	1854		6,8 t	Mexico City
Adargas	vor 1600		3,4 t	Mexico City
Morito, Mexiko	vor 1600	mittl. Oktaedrit	10,1 t	Mexico City

Abb. 58. Meteoreisen von der Hobafarm, Südwestafrika. (Nach Schneiderhöhn, Centralbl. f. Min., 1931)

winnen. Glücklicherweise hat die Regierung von Namibia das Eisen zum Naturdenkmal erklärt und so vor weiteren Eingriffen geschützt.

Die großen Eisenmeteorite von Cape York in Grönland waren den dort lebenden Eskimos schon sehr lange bekannt. Rund um den 3 t wiegenden Block „Die Frau" fand man einen meterhohen Haufen von Basalt-Hammersteinen. Damit hatten die Eskimos durch die Generationen in mühevoller Arbeit kleine Stücke Metall abgeschlagen, das sie zusammen mit Walroßknochen zu Messern und Harpunenspitzen verarbeiteten. Sie zeigten 1894 die drei Eisenblöcke dem Nordpolforscher Peary, der sie mit Schiffen nach New York bringen ließ. Sie sind heute dort im Naturhistorischen Museum ausgestellt. Der dänische Meteoritenforscher Vagn Buchwald fand 1963 in der gleichen Gegend noch einen 20 t schweren Block, der selbst den Eskimos unbekannt gewesen war. Es gelang ihm, den Block ohne Hilfe von Maschinen an das offene Wasser und dann zu Schiff nach Kopenhagen bringen zu lassen (Abb. 59).

Eine interessante Geschichte haben die großen Eisen von Campo del Cielo in Argentinien. Sie waren den Eingeborenen schon lange bekannt und sie wußten offenbar um ihre Herkunft, denn von ihnen stammt der Name der

Abb. 59. Transport des 1963 gefundenen 20 t schweren Eisenmeteoriten Agpalilik (Cape York) mit einem Schlitten von der Fundstelle an das offene Meer. (Aus V. F. Buchwald, Handbook of Iron Meteorites, Univ. of California Press, 1975)

Fundstelle: Campo del Cielo = Feld des Himmels. Der spanische Gouverneur schickte 1576 eine Expedition dorthin, die den 15 t schweren Eisenblock „Mesón de Fierro" auffand. Spätere Expeditionen im 18. Jahrhundert hielten das Eisen für ein reiches Silbererz und versuchten, das Silber zu gewinnen. Die aufgeklärten Europäer dieser Zeit glaubten nicht daran, daß diese Masse vom Himmel gefallen sein könnte. Als es nicht gelang, daraus Silber zu gewinnen, geriet der Platz wieder in Vergessenheit und „El Mesón de Fierro" ist bis heute nicht wieder aufgefunden worden. Andere Stücke wurden später in der Gegend gefunden (Tabelle 9), vor allem nach 1960 durch argentinisch-amerikanische Expeditionen, die auch das dazugehörige Kraterfeld fanden (Tabelle 4).

Eine ganz absonderliche Gestalt hat das Eisen von *Willamette*, Abb. 60. An der Basis des kegelförmigen Meteoriten finden sich zahlreiche große, unregelmäßig rundliche Vertiefungen, in denen kleine Kinder bequem Platz haben. Es ist noch nicht ganz geklärt, ob diese Löcher durch Ausschmelzen von leicht schmelzbarem Schwefeleisen bei der Erhitzung in der Atmosphäre oder durch Verwitterung entstanden sind. In das seit 1600 bekannte Eisen von *Morito* ist mit einem Meißel

Abb. 60. Meteoreisen von Willamette, Oregon, USA. (Nach Hovey)

Abb. 61. Meteoreisen von El Morito. (Nach Farrington)

die nachfolgende Schrift eingraviert worden:

> Solo Dios con su poder
> Este fierro destruira
> Porque en el mundo no habra
> Quien lo puedo deshacer. A^0. 1821.

Auf deutsch etwa: Nur Gott mit seiner Macht kann dieses Eisen zertrümmern, denn die Menschheit hat kein Mittel, es in Stücke zu zerteilen. Es scheinen also auch hier fruchtlose Versuche gemacht worden zu sein, das Eisen nutzbringend zu verwerten. Abb. 61 zeigt diesen 10 t schweren Eisenmeteoriten, wie er heute noch in Mexico-City im Palazzio de Mineria, Tacuba No. 5, zu sehen ist.

Die Form der Meteorite

Die Form der Meteorite ist sehr verschieden. Sie sind offensichtlich *Bruchstücke* von ganz zufälliger Begrenzung, wenn sie in die Atmosphäre eintreten. In dieser werden sie gegebenenfalls noch weiter zertrümmert; andererseits wirkt die Abschmelzung glättend und abrundend ein.

Vielfach findet sich eine konische, ungefähr pyramidale Form. Abb. 62 zeigt diese bei dem Meteoreisen von Buey Muerto (Nord-Chile), Abb. 63 bei dem Meteorstein von Long

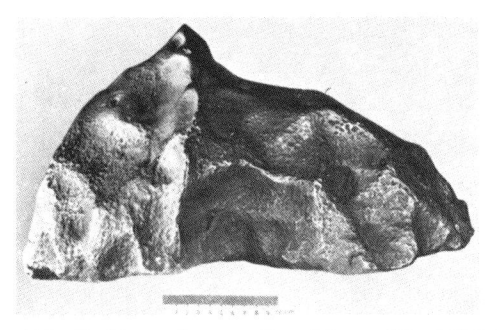

Abb. 62. Meteoreisen von Buey Muerto (Nord-Chile)

Abb. 63. Meteorstein von Long Island, Kansas, USA. Länge an der Basis 70 cm. (Nach Farrington)

Island, USA, dem drittgrößten bekannten Stein. Viel seltener ist die keulen- oder die säulenförmige Gestalt, wie die des Meteoreisens von Babb's Mill, Tennessee, USA (Abb. 64). Unregelmäßig zackige Formen hatten wir schon bei dem Riesenmeteoriten von Henbury, Australien, kennengelernt (vgl. Abb. 21, S. 33). Bei den kleineren Steinmeteoriten herrschen meistens unregelmäßig rundliche, knollige Formen vor.

Bei vielen Meteoriten kann man zwei deutlich verschieden ausgebildete Seiten erkennen, die man als Brust- und Rückenseite bezeichnet. Es sind „orientierte Meteorite". Sie haben offensichtlich während ihres Fluges durch die Atmosphäre ihre Lage nicht verändert, dadurch wurde infolge der Lufteinwir-

Abb. 64. Meteoreisen von Babb's Mill (Blake's Iron), Tennessee, USA. Die Länge beträgt knapp 1 m. (Nach Farrington)

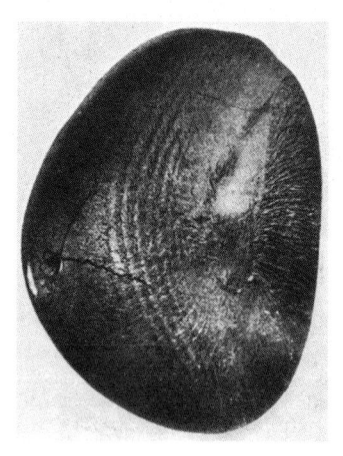

Abb. 65. Meteoreisen von Boogaldi, Neusüdwales. Etwa ⅓ der natürlichen Größe. (Nach Liversidge, Proc. Roy. Soc. N. S. Wales, 1902)

Abb. 66 a, b. Der Meteorit von Krähenberg, Pfalz, gefallen am 5. 5. 1869. Größe etwa 20 × 30 cm, Gewicht 16 kg. **a** Die Brustseite mit den Regmaglypten, die radial zur Mitte orientiert sind. **b** Seitenansicht, die Brustseite ist oben. (Nach K. Fredriksson u. F. Wlotzka, Pfälzer Heimat 4, 1979. Aufnahme Historisches Museum der Pfalz, Speyer)

kung die Brustseite anders modelliert als die Rückenseite. Abb. 65 zeigt den schön orientierten Eisenmeteoriten von Boogaldi, Neusüdwales, rechts ist die Brustseite. Auch das Meteoreisen von Buey Muerto (Abb. 62, S. 89) zeigt Orientierung, die Spitze bildet die Brustseite. Einen orientierten Steinmeteoriten gibt die Abb. 66 wieder, den Meteoriten von Krähenberg in der Pfalz, gefallen 1869.

Oberflächenbeschaffenheit

Viele Meteorite zeigen sehr charakteristische, flache, näpfchenförmige Vertiefungen auf ihrer Oberfläche, die oft wie Daumenabdrücke aussehen. Gut zu erkennen sind sie an dem Stein von Krähenberg (Abb. 66) und den Eisen Treysa (Abb. 57) und Cabin Creek (Abb. 67). Sie werden „Regmaglypten" genannt, von griechisch *regma* = Spalte und *glypto* = schneiden, also etwa „eingeschnittene Spalten". Sie entstehen beim Flug des Meteoriten durch die Atmosphäre. Der turbulente Luftstrom formt die Vertiefungen durch ungleichmäßiges Abschmelzen der Oberfläche. Oft werden sie dabei durch die nach außen strömende komprimierte Luft radial angeordnet, wie es die Brustseite des Meteoriten von Krähenberg schön zeigt (Abb. 66).

Abb. 67. Brustseite des Eisenmeteoriten Cabin Creek, Höhe 44 cm, Gewicht 48 kg. (Nach Berwerth, Ann. Naturhist. Hofmuseum Wien, 1913)

Abb. 68. Meteorstein von Pohlitz (Thüringen). Dünne schwarze Rinde auf hellerem Inneren. Etwa natürliche Größe

Abb. 69. Meteorstein von St. Mark's, Südafrika. Fließerscheinungen. (Nach Cohen, Ann. South Afric. Mus., 1906)

Alle Meteorite, die kurze Zeit nach dem Fall aufgefunden wurden und die nicht beim Aufschlag zerbrochen worden waren, sind ringsherum bedeckt von einer charakteristischen schwarzen, glänzenden oder matten *Schmelzrinde,* die, wenigstens bei vielen Meteorsteinen, auch farbig in starkem Gegensatz zu dem hellen Innern steht. Aus der Abb. 68 wird dieser Gegensatz deutlich. Die Rinde ist meist papierdünn, im Durchschnitt unter 1 mm, kann aber bis zu 10 mm Dicke anwachsen.

Auf der Brustseite ist sie meist dünner als auf der Rückenseite. Sie besteht aus schwarzem, eisenhaltigen Glas bei den Steinmeteoriten, aus Eisenoxid bei den Eisenmeteoriten. Vor allem bei den letztgenannten wird sie durch die Verwitterung rasch zerstört und von einer Rosthaut ersetzt. Daß diese Rinden tatsächlich Schmelzrinden sind, zeigen nicht selten Fließerscheinungen, die man auf ihnen wahrnehmen kann und die auf Abb. 65, S. 90 u. Abb. 69 sehr gut zu sehen sind. Das geschmolzene Material wurde durch die Luft nach hinten abgestrichen. An der Grenze zwischen Brust- und Rückenseite bildet sich mitunter ein deutlicher Schmelzwulst aus.

Die schwarze Schmelzrinde ist ein wichtiges Erkennungszeichen für Meteorite. Vor allem bei hellen Steinmeteoriten, die irdischen Gesteinen sehr ähnlich sehen können, liefert sie ein ins Auge fallendes Unterscheidungsmerkmal.

Mineralogie und Klassifizierung der Meteorite

Wir haben schon die Hauptklassen der Meteorite kennengelernt. Wir wollen jetzt die einzelnen Klassen näher beschreiben und die Minerale, aus denen sie bestehen (Tabellen 10 und 11). Die Silikatminerale Olivin, Pyroxen und Feldspat sind auch häufige Minerale in der Erdkruste, sie gleichen den irdischen Mineralen in allen ihren Eigenschaften. Ein auffallender Unterschied zwischen den Gesteinen der Erdkruste und den Meteoriten besteht aber darin, daß diese gediegenes Eisen enthalten und andere Minerale, die sich nur in einer sehr sauerstoffarmen und wasserfreien Umgebung bilden können. Die meisten der in Tabelle 11 aufgeführten Carbide, Nitride und Sulfide gehören in diese Kategorie. Umgekehrt kommen wasser- oder hydroxylhaltige Silikate (wie z. B. Glimmer oder Hornblenden) in Meteoriten nicht vor, mit Ausnahme der kohligen Chondrite.

1. Steinmeteorite

Steinmeteorite bestehen überwiegend aus den Silikatmineralen Olivin, Pyroxen und Feldspat. Sie können auch metalli-

Abb. 70. Chondren aus dem L-Chondriten Saratov (Linienabstand 1 mm)

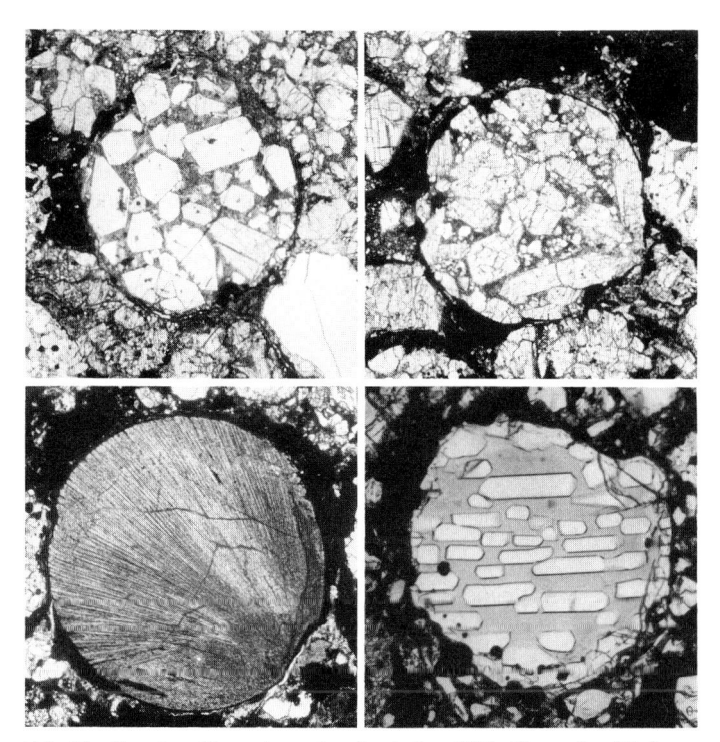

Abb. 71. Chondren-Typen im mikroskopischen Bild. Oben: Am häufigsten sind porphyrische Chondren mit Olivin- oder Pyroxen-Kristallen in feinkörniger Grundmasse. Unten links: Radialstrahlige Pyroxen-Chondre. Unten rechts: Balkenolivin-Chondre. Kantenlänge des Bildausschnitts 1 mm

sches Eisen enthalten, es bleibt aber immer ein untergeordneter Bestandteil.

A. Chondrite

Ihr charakteristischer Bestandteil (40 bis 90%) sind die Chondren oder Kügelchen, deren Größe zwischen 0,2 und einigen mm liegt. Sie fallen bereits auf Bruchflächen eines Chondriten ins Auge, weil sie entweder halbkugelförmig hervortreten oder sich in der Farbe von der feinkörnigen Grundmasse abheben (siehe Abb. 53). Bei manchen Chondriten lassen sie sich leicht herauslösen (Abb. 70), bei anderen sind sie fest mit der Umgebung verwachsen. Sie bestehen vorwiegend aus Olivin und Pyroxen und einem geringeren Anteil an Feldspat, der gewöhnlich als Bindemittel die Zwischenräume zwischen den Olivin- und Pyroxenkristallen ausfüllt. Ihre innere Struktur wird im Dünnschliff unter dem Mikroskop sichtbar. Abb. 71 zeigt einige charakteristische Chondrentypen.

Die Chondrite enthalten auch metallisches Nickeleisen in Form unregelmäßiger, mm-großer Körner. Sie werden beim Anschleifen eines Chondriten als hell glänzende Körner sichtbar (Abb. 72). Beim Liegen an der Erdoberfläche bildet sich um

Abb. 72. Schnittfläche des LL-Chondriten Parnallee. Die hellen Körner sind Nickeleisen. Man erkennt rundliche Querschnitte von Chondren (2mal vergrößert)

sie bald ein brauner Rosthof. Weitere Bestandteile der Chondrite sind das Eisensulfid Troilit (um 5%), ferner Chromit, Apatit und einige seltenere Minerale, s. Tabellen 10 und 11.

Chondren, Chondrenbruchstücke, Nickeleisen- und andere Mineralkörner sind in eine feinkörnige Grundmasse (Korngröße kleiner als 0,1 mm) eingebettet, die Matrix. Sie besteht im wesentlichen aus den gleichen Mineralen wie die größeren Bestandteile, enthält aber zusätzlich sehr feines Material (eisenreicher Olivin, Feldspat und Nephelin), das reich an leichtflüchtigen Elementen und Kohlenstoff ist. Das Ganze bildet ein „undifferenziertes" Konglomerat aus Hoch- und Tieftemperatur-Bildungen (Chondren und Matrix), leichten und schweren Bestandteilen (Silikate und Metall/Sulfid). Man nennt es undifferenziert, weil sich dieses Gemisch beim Erhitzen stark verändern und differenzieren würde: die Matrix würde grob kristallin werden, Metall und Sulfid schmelzen und infolge seiner größeren Dichte absinken; Chondren würden teilweise schmelzen und Feldspat sich von Olivin und Pyroxen trennen. Chondrite sind also „Urmaterie", die nie als Ganzes geschmolzen wurde.

Die Farbe der Chondrite ist gewöhnlich hellgrau, sie kann aber bis dunkelgrau und schwarz gehen, dies vor allem bei den kohligen Chondriten. Oft sind sie auch aus verschieden hellen Anteilen zusammengesetzt (Breccien). Sie sehen dann wie marmoriert aus oder zeigen hellere Bruchstücke in einer dunkleren Grundmasse (Abb. 73). Der dunklere Anteil kann den Stein auch in Form von Adern durchziehen.

Die Chondrite werden nach ihrem Chemismus und ihrer Struktur weiter unterteilt.

a) Gewöhnliche Chondrite. Sie heißen so, weil sie die häufigste Gruppe sind. Nach ihrem Gesamteisengehalt und dem Eisengehalt des Olivins und des Pyroxens unterscheidet man H-, L- und LL-Chondrite (Tabelle 12). H steht für „high iron" (hohes Gesamteisen), L für „low iron" (niedriges Gesamteisen) und LL für „low iron, low metal" (niedriges Gesamteisen und niedriger Metallgehalt). Die Abb. 74 zeigt den Zusammenhang von Eisenmetall- und Eisenoxidgehalt.

Tabelle 10. Die Hauptminerale der Meteorite

Mineral	Formel	Vorkommen in
Olivin, Mischkristalle aus:		
Forsterit	Mg_2SiO_4	Ch, Pal, Mes, Ach, (Fe)
Fayalit	Fe_2SiO_4	
Orthopyroxen, Mischkristalle aus:		Ch, Ach, Pal, Mes, (Fe)
Enstatit	$MgSiO_3$	
Ferrosilit	$FeSiO_3$	
Klinopyroxen, Mischkristalle aus:		Ch, Ach, Mes, (Fe)
Diopsid	$CaMgSi_2O_6$	
Hedenbergit	$CaFeSi_2O_6$	
Augit	$(Ca,Na,Mg,Fe,Mn,Al,Ti)_2 (Si,Al)_2O_6$	
Pigeonit	$(Mg,Fe,Ca)_2 Si_2O_6$	
Feldspat, Mischkristall aus:		Ach, Ch, Mes, (Fe)
Anorthit	$CaAl_2Si_2O_8$	
Albit	$NaAlSi_3O_8$	
Orthoklas	$KAlSi_3O_8$	
Nickeleisen		Fe, Ch, Mes, Pal, (Ach)
Kamazit, α-Fe	FeNi, 4–7% Ni	
Taenit, γ-Fe	FeNi, 20–50% Ni	
Tetrataenit	FeNi, 50% Ni	
Troilit	FeS	Ch, Fe, Mes, Pal, (Ach)
Tonminerale	wasserhaltige Silikate,	kCh: C1 und C2
Fe-Serpentin	Hauptbestandteile:	
Septechlorit	SiO_2, FeO u. Fe_2O_3,	
Cronstedtit	MgO, Al_2O_3, CaO,	
	ca. 10% Wasser	
Chromit	$FeCr_2O_4$	Ch, Ach, Mes, Pal, Fe
Magnetit	Fe_3O_4	kCh, Ch: Typ 3
Ilmenit	$FeTiO_3$	Ch, Ach, Mes
Spinell	$MgAl_2O_4$	kCh, Ch: Typ 3
Apatit	$Ca_5(PO_4)_3Cl$	Ch, Mes, (Fe)
Whitlockit	$Ca_3(PO_4)_2$	Ch, Ach, Mes, Pal, (Fe)
Pentlandit	$(Fe,Ni)_9S_8$	kCh, Pal
Schreibersit	$(Fe,Ni)_3P$	Fe, Mes, Pal
Cohenit	Fe_3C	Fe, ECh, (Ch: Typ 3)

Abkürzungen: Ch = Chondrite, Ach = Achondrite, kCh = kohlige Chondrite, ECh = Enstatit-Chondrite, Mes = Mesosiderite, Pal = Pallasite, Fe = Eisenmeteorite, CAI = Ca,Al-reiche Einschlüsse.
Abkürzung in Klammern: in dieser Klasse selten

Tabelle 11. Seltenere Minerale in Meteoriten

Mineral	Formel	Vorkommen in
Elemente, Carbide, Nitride, Silicide:		
Diamant	C	Ach: Ureilite, Fe, kCh
Graphit	C	Fe, Ch, Mes, Ach: Ureilite
Kupfer	Cu	Ch
*Haxonit	$(Fe,Ni)_{23}C_6$	Fe, Ch: Typ 3
*Carlsbergit	CrN	Fe
*Osbornit	TiN	Ach: Aubrite
*Sinoit	Si_2N_2O	ECh
*Perryit	$(Ni,Fe)_2(Si,P)$	Fe
Sulfide:		
Alabandin	$(Mn,Fe)S$	ECh, Ach: Aubrite
*Daubréelith	$FeCr_2S_4$	Fe, ECh
Djerfisherit	$K_3Cu(Fe,Ni)_{12}S_{14}$	ECh
*Heideit	$(Fe,Cr)_{1+x}(Ti,Fe)_2S_4$	Ach: Aubrite
*Niningerit	MgS	ECh
*Oldhamit	CaS	ECh, Ach: Aubrite
Oxide:		
Hibonit	$CaAl_{12}O_{19}$	kCh: CAI
Perowskit	$CaTiO_3$	kCh: CAI
Rutil	TiO_2	Mes, Ch
Carbonate, Sulfate:		
Calcit	$CaCO_3$	kCh: C1, C2
Dolomit	$CaMg(CO_3)_2$	kCh: C1
Magnesit	$(Mg,Fe)CO_3$	kCh: C1
Epsomit	$MgSO_4 \cdot 7H_2O$	kCh: C1
Gips	$CaSO_4 \cdot 2H_2O$	kCh: C1, C2
Phosphate:		
*Farringtonit	$Mg_3(PO_4)_2$	Pal
*Panethit	$(Ca,Na)_2(Mg,Fe)_2(PO_4)_2$	Fe
*Stanfieldit	$Ca_4(Mg,Fe)_5(PO_4)_6$	Pal, Mes
Silikate:		
Quarz	SiO_2	Ach, ECh
Cristobalit	SiO_2	ECh
Tridymit	SiO_2	Ach, ECh, Mes
*Ringwoodit	$(Mg,Fe)_2SiO_4$	Ch; in Schockadern
Melilith	$Ca_2(Al,Mg)(Si,Al)_2O_7$	kCh: CAI
Nephelin	$KNa_3(AlSiO_4)_4$	kCh: CAI
Sodalith	$Na_8(AlSiO_4)_6Cl_2$	kCh: CAI

* aus irdischen Gesteinen nicht bekannt
Abkürzungen siehe Tabelle 10

Abb. 73. Schnittfläche des Chondriten Paragould, Länge 27 cm. Sie zeigt eine Breccien-Struktur mit hellen Bruchstücken in einer dunkleren Grundmasse. (Aufnahme Smithsonian Institution)

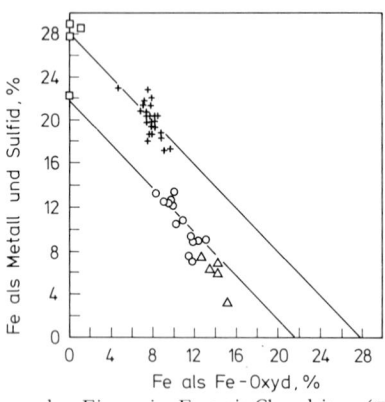

Abb. 74. Verteilung des Eisens in Enstatit-Chondriten (□), H-Chondriten (+), L-Chondriten (○) und LL-Chondriten (△), nach Analysen von A. J. Easton, E. Jarosewich und B. Wiik. Die diagonalen Linien entsprechen einem konstanten Gesamt-Eisengehalt von 27,7% (H-Chondrite) und 21,5% (L-Chondrite)

Tabelle 12. Chemische Klassen der Chondrite

Klasse	Alter Name	Gesamt-eisen Gew.%	Metall Gew.%	Mol% Fa im Olivin
Enstatit-Chondrite	—	22–33	17–23	kleiner 1
H-Chondrite	Bronzit-Chondrite	25–30	15–19	16–19*
L-Chondrite	Hypersthen-Chondrite	20–24	4–9	21–25*
LL-Chondrite	Amphoterite	19–22	0,3–3	26–32*
Kohlige Chondrite	—	19–26	0–5	0–40

* mit Ausnahme des Typ 3, wo Fa zwischen 0 und 50% schwanken kann; Fa = Fayalit-Gehalt oder Fe/(Fe + Mg)

H-Chondrite mit dem höheren Gesamteisengehalt haben einen hohen Anteil an Metall, aber weniger Eisenoxid; L- und LL-Chondrite haben einen niedrigen Gesamteisengehalt, dabei weniger Metall und mehr Eisenoxid. Die LL-Chondrite haben den geringsten Metallgehalt. Dieser Befund ist als „Priorsche Regel" schon lange bekannt: Je mehr Eisenoxid ein Chondrit enthält, desto weniger metallisches Eisen hat er, und desto reicher ist dieses an Nickel. Die Aussage über das Nickel ergibt sich daraus, daß der Nickelgehalt der Chondrite etwa konstant ist und alles Nickel sich im Metall befindet. Da das Eisenoxid im wesentlichen im Olivin und Pyroxen enthalten ist, nimmt das Fe/(Fe + Mg)-Verhältnis in diesen Mineralen von H über L nach LL zu (Tabelle 12).

Man nennt die H-, L- und LL-Chondrite auch „chemische Klassen". Diese werden nun weiter in „petrologische Typen" eingeteilt, die chemisch gleich sind, sich aber petrologisch unterscheiden. Sie werden mit arabischen Ziffern von 1 bis 6 bezeichnet. Typ 1 und 2 gibt es nur bei kohligen Chondriten, siehe unten. Typ 3 ist „nicht equilibriert", d. h. nicht im Gleichgewicht befindlich, denn die Zusammensetzung der Minerale ist nicht konstant, wie sie es im Gleichgewicht sein müßte. Vor allem schwankt der Eisen- und Magnesiumgehalt der Olivine und Pyroxene. In den „equilibrierten" Chondriten, Typ 4 bis 6, sind Eisen und Magnesium gleichmäßig verteilt, jedes Korn von Olivin bzw. Pyroxen hat den gleichen Gehalt. Man sieht auch Unterschiede in der Struktur: Beim Typ 3 heben sich die

Chondren deutlich von der (meistens dunklen) Grundmasse ab, obwohl sie durchaus fest mit ihr verbunden sein können. Vom Typ 4 bis 6 nimmt dann die Kristallisierung zu, die Chondren verwachsen mit der gröber werdenden Grundmasse und miteinander, so daß die chondritische Struktur immer mehr verwischt wird (Abb. 75). Man bezeichnet einen gewöhnlichen Chondriten mit einem Kürzel aus chemischer Klasse (H, L, LL) und petrologischem Typ (3 bis 6); also z. B. L6 für den Chondriten von Mainz.

In Tabelle 13 sind die Merkmale der petrologischen Typen zusammengestellt. Zwischen den Typen 4, 5 und 6 gibt es noch feinere mineralogische Unterschiede, die hier auch aufgeführt sind.

b) Enstatit-Chondrite. Sie schließen sich nach Abb. 74 an die H-Chondrite an: Sie enthalten noch mehr Metall und praktisch

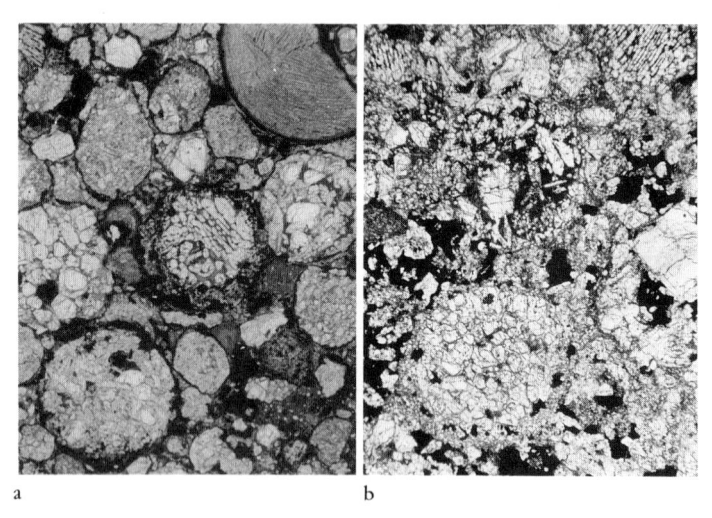

Abb. 75 a, b. Mikroskopische Dünnschliff-Aufnahmen von Chondriten, a Tieschitz, Typ 3, b Simmern, Typ 5. Während beim Typ 3 alle Chondren deutlich umrissen sind, erkennt man sie bei Typ 5 nur noch undeutlich. (Schmalseite des Bildes 3 mm)

Tabelle 13. Petrologische Typen der Chondrite (Nach W. R. VanSchmus u. J. A. Wood, Geochim. Cosmochim. Acta 31, 1967)

	1	2	3	4	5	6
Textur	keine Chondren	sehr klar definierte Chondren	sehr klar definierte Chondren	gut definierte Chondren	Chondren erkennbar	Chondren schlecht erkennbar
Matrix	sehr feinkörnig opak	opak	opak	feinkörnig transparent	grobkörnig transparent	grobkörnig transparent
Homogenität von Olivin und Pyroxen	—	mehr als 5% Schwankung	mehr als 5% Schwankung	0–5% Schwankung	Homogen	Homogen
Pyroxen	—	vorwiegend Klinopyroxen	vorwiegend Klinopyroxen	Klinopyroxen häufig	nur Orthopyroxen	nur Orthopyroxen
Sekundärer Feldspat	—	fehlt	fehlt	sehr feinkörnig	feinkörnig	klare Körner
Glas in Chondren	—	klar und isotrop	klar und isotrop	trübe entglast	fehlt	fehlt
Metall	—	kein Taenit	Kamazit und Taenit	Kamazit und Taenit	Kamazit und Taenit	Kamazit und Taenit
Wassergehalt	ca. 20%	4–18%	weniger als 2%	weniger als 2%	weniger als 2%	weniger als 2%

kein Eisenoxid in den Silikaten. Sie werden aber von den gewöhnlichen Chondriten als eigenständige Gruppe unterschieden, weil sie viele ungewöhnliche Minerale enthalten und sich auch im Spurenelement-Gehalt von ihnen unterscheiden. Es sind Minerale, die sich bei noch geringerem Sauerstoffangebot bilden als bei den gewöhnlichen Chondriten. Alles Eisen ist deshalb zu Metall reduziert, auch etwas Silizium ist darin als Metall gelöst. Dazu kommen Schwefelverbindungen von Metallen, die sonst an Sauerstoff gebunden sind: Magnesium, Mangan, Titan, Chrom, s. Tabelle 11.

c) Kohlige Chondrite. Sie werden mit dem Kürzel C bezeichnet und in drei Typen unterteilt: C1, C2 und C3. Ähnlich wie bei den gewöhnlichen Chondriten nimmt von 1 nach 3 die Kristallinität und Equilibrierung zu (Tabelle 13), ihr Chemismus ändert sich aber ebenfalls. Sie haben ihren Namen von ihrer schwarzen Farbe, vor allem Typ 1 ist äußerlich strukturlos und lockerbrüchig, ähnlich wie ein Stück Kohle. Sie enthalten in der feinkörnigen Matrix mehrere Prozent Kohlenstoff. Ein Hauptunterschied zu den gewöhnlichen Chondriten ist außerdem ihr Wassergehalt. Sie enthalten neben freiem Wasser auch

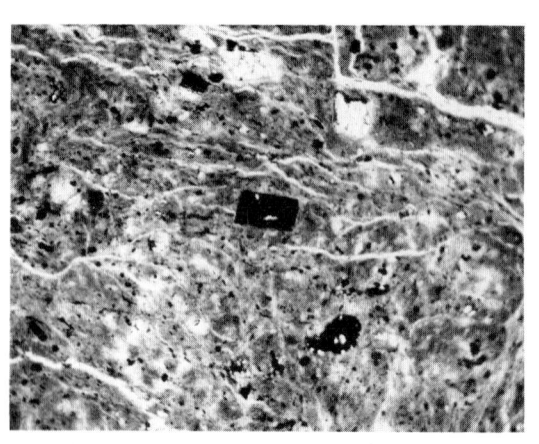

Abb. 76. Mikroskopische Struktur des C1-Chondriten Orgueil. Durchlicht, Bildausschnitt 0,6 × 0,4 mm. Das rechteckige Korn in der Mitte ist Eisensulfid

Kristallwasser, das an Minerale gebunden ist, in von Typ 1 nach 3 abnehmender Menge. Parallel damit geht der Gehalt an Kohlenstoff, organischer Substanz und Schwefel einher. Die C1-Chondrite bestehen fast nur aus der feinkörnigen Grundsubstanz und enthalten keine Chondren (Abb. 76). Sie werden aber trotzdem zu den Chondriten gerechnet, weil sie in den Hauptelementen die gleiche Zusammensetzung haben.

Der Typ C2 (nach dem Hauptvertreter Murchison auch CM genannt) enthält Chondren und andere Hochtemperaturbildungen in einer feinkörnigen Matrix aus wasserhaltigen Silikaten (siehe Tabelle 10). Beim Typ C3 besteht die Matrix im wesentlichen aus feinem, eisenreichen Olivin. Es gibt hier zwei Untergruppen: C3O, nach dem Meteoriten Ornans, und C3V, nach dem Meteoriten Vigarano. Sie unterscheiden sich vor allem in ihrer Textur, C3O hat kleinere Chondren (0,1–0,4 mm) und weniger Matrix (um 34%) als C3V (Chondren 0,2 bis einige mm, Matrixanteil 42%). Der bekannteste Vertreter der C3V-Gruppe ist Allende.

Auf der Bruchfläche von C3-Chondriten fallen helle, fast weiße Einschlüsse ins Auge, die bis zu mehrere cm groß sein können (Abb. 77). Sie sind Ca- und Al-reich und bestehen aus Mineralen, die sonst in Chondriten nicht vorkommen: Melilith, Ti-reicher Pyroxen, Na-freier Anorthit, Fe-freier Spinell, Hibonit, Perowskit, Platin- und Iridium-reiches Metall. Es sind durchweg Hochtemperatur-Minerale, möglicherweise stellen sie die ersten Kondensationsprodukte dar, die sich bei Entstehung des Planetensystems aus dem solaren Nebel bildeten (s.u.). Überhaupt sind die kohligen Chondrite das ursprünglichste Material, das wir kennen, es ist seit seiner Entstehung sehr wenig verändert worden.

Von dem primitivsten Typ, den C1 Chondriten, gibt es leider nur fünf Vertreter. Der größte und bekannteste von ihnen ist Orgueil, der am 14. 5. 1864 in Frankreich gefallen ist. Er wurde schon im 19. Jahrhundert untersucht und die organischen Stoffe in ihm gefunden. Vor einigen Jahren entstand eine wissenschaftliche Kontroverse um eigentümliche Strukturen in Orgueil, die sogenannten „organisierten Elemente", die für Fossilien, d.h. Überreste von Lebewesen gehalten wurden. Es

Abb. 77. Eine Scheibe des kohligen Chondriten Allende. In der dunklen Matrix sind zahlreiche helle Chondren und größere weiße Einschlüsse eingebettet

waren etwa 1/100 mm große, sechseckige oder rundliche Gebilde, manchmal mit regelmäßig angeordneten kleinen Fortsätzen versehen, die an Pollen oder Einzeller erinnerten. Es konnte dann aber nachgewiesen werden, daß es sich teilweise um anorganische Kristalle und teilweise um irdische Verunreinigungen mit Pollen handelte. Auf die Bedeutung der organischen Substanzen in den kohligen Chondriten wird im Kapitel „Stoffbestand" eingegangen.

B. Achondrite

Achondrite enthalten keine Chondren, der Unterschied zu den Chondriten ist aber viel tiefgehender: Achondrite sind „differenzierte" Meteorite, d. h. sie sind durch Schmelzprozesse aus einem primären, primitiven Material hervorgegangen, das sich dabei auch chemisch verändert hat, während die Chon-

Abb. 78. Anschnitt des Achondriten Shergotty, natürl. Größe. (Aufnahme Smithsonian Institution)

drite, wie wir gesehen haben, nicht differenziert sind. Die Achondrite bestehen im wesentlichen aus den Mineralen Pyroxen, Feldspat und Olivin, die auch die meisten Gesteine in unserer Erdkruste aufbauen. Deren Anteil und Zusammensetzung ist aber sehr variabel, Tabelle 14 zeigt eine Übersicht. Ihre Textur ist magmatisch, die Minerale sind aus einer Schmelze ausgeschieden und verwachsen (Abb. 78). Oft sind diese Gesteine allerdings wieder zerbrochen und zu Breccien aus verschiedenartigen Bruchstücken und feinkörniger Matrix zusammengefügt worden.

a) Eukrite, Howardite, Diogenite. Sie sind die häufigsten Achondrite und ähneln in ihrer Mineralogie den irdischen Basaltgesteinen. Deshalb sind sie auch nach einem Fall schwer von diesen zu unterscheiden und werden als Funde nur selten erkannt. Sie bestehen aus Pyroxen und Feldspat, dazu kommen kleinere Mengen von Quarz oder Tridymit, Phosphate, Chromit und Eisensulfid. Im Gegensatz zu den irdischen Basalten (abgesehen von den erwähnten Ausnahmen) enthalten sie auch etwas metallisches Eisen (0,1 bis 1%), es ist aber viel weniger als in den Chondriten. Diogenite enthalten fast nur Pyroxen, der eisenärmer ist als der Pyroxen in den Eukriten. Howardite liegen chemisch und mineralogisch zwischen diesen beiden Typen. Es sind Breccien aus Gesteins- und Mineralfragmenten

Tabelle 14. Zusammensetzung der Achondrite

Name		Pyroxen		Feldspat		Olivin
		Anteil	Fs-Gehalt	Anteil	An-Gehalt	Anteil
Eukrite	Pyroxen-Plagioklas-Achondrite	40–65%	40–70	30–55%	85–95	fehlt
Howardite	Pyroxen-Plagioklas-Achondrite		Breccien aus eukritischem und diogenitischem Material			
Diogenite	Hypersthen-Achondrite	ca. 90%	25	ca. 2%	87	selten
Shergottite	Pigeonit-Maskelynit-Achondrite	ca. 70%	20–60	20%	43–57	selten
Nakhlite	Augit-Olivin-Achondrite	ca. 80%	40	gering	23–36	5–10%
Chassignite	Olivin-Achondrite	5–8%	12–28	2–8%	16–37	80–90%
Aubrite	Enstatit-Achondrite	97%	0	sehr gering	—	fehlt
Urelite	Olivin-Pigeonit-Achondrite	20–50%	5–25	fehlt		40–80%

Fs = Mol% Fe/(Fe + Mg), An = Anorthit, Mol%

von Eukriten und Diogeniten, die sich wahrscheinlich bei Einschlägen an der Oberfläche ihres Mutterkörpers gebildet haben.

b) SNC-Meteorite. Unter diesem Namen werden drei Typen von Achondriten nach ihren Anfangsbuchstaben zusammengefaßt: Shergottite, Nakhlite und Chassignite. Die Shergottite ähneln den Eukriten, sie bestehen wie diese vor allem aus Pyroxen und Feldspat. Der Feldspat ist aber nicht kristallin, sondern in ein isotropes Glas umgewandelt worden (Maskelynit), wahrscheinlich durch Stoßwellen. Er ist außerdem natriumreicher als der der Eukrit-Gruppe. Nakhlite und Chassignite enthalten ebenfalls einen natriumreicheren Feldspat, der hier aber nicht in Glas umgewandelt ist. Alle drei enthalten kein metallisches Eisen, aber teilweise kristallwasserhaltige Minerale, wie Hornblende oder Iddingsit. Man schließt daraus, daß sie unter stärker oxidierenden Bedingungen als die Eukrite gebildet wurden. Ein weiteres besonderes Merkmal der SNC-Meteorite ist ihr junges Kristallisationsalter. Während für die Chondrite und die Eukrit-Gruppe Alter von 4,5 Milliarden Jahren gemessen wurden, sind es bei ihnen nur einige hundert Millionen Jahre. Dies spricht für einen relativ großen Körper als Ursprungsort, auf dem noch lange nach seiner Bildung magmatische und vulkanische Aktivität bestanden hat (wie auch auf der Erde). Weitere chemische Befunde haben zu der Vermutung geführt, daß dieser Körper der Planet Mars sein könnte (s. Kapitel Alter und Herkunft der Meteorite).

c) Aubrite. Sie heißen auch Enstatit-Achondrite, weil sie fast nur aus diesem eisenfreien Pyroxen bestehen. Sie gleichen damit den Enstatit-Chondriten, sie enthalten wie diese auch die besonderen Minerale, die nur unter stark reduzierenden Bedingungen entstehen, z. B. CaS, MnS und TiN. Sie haben aber im Unterschied zu ihnen eine magmatische Textur wie alle Achondrite und sind auch chemisch etwas verschieden. Man nimmt aber an, daß sie durch Schmelz- und Differenzierungsprozesse aus Enstatit-Chondriten entstanden sind.

d) Ureilite. Ureilite unterscheiden sich von allen anderen Achondriten durch ihren hohen Kohlenstoff-Gehalt (um 2%)

und die in ihnen auftretenden Diamanten. Der Kohlenstoff befindet sich in weniger als 1 mm breiten schwarzen Adern (eigentlich Spaltenfüllungen), die aus feinverwachsenem Graphit, Nickeleisen und Troilit bestehen, und auch feinste Diamanten enthalten (kleiner als 1 µm groß). Sie durchziehen ein Aggregat aus Olivinkristallen mit wechselnden Mengen von Pyroxen (Pigeonit), s. Abb. 79. Die Textur ist die eines Kumulats von Silkatkörnern, die sich am Boden einer Magmakammer angesammelt haben. Die Graphitadern sind wahrscheinlich später durch Stoßwellenereignisse in die Silikate eingedrungen, wobei auch die Diamanten entstanden sein können. Der hohe Kohlenstoff-Gehalt ebenso wie einige Spurenelemente deuten darauf hin, daß Ureilite aus oder zusammen mit kohligen Chondriten entstanden sein könnten.

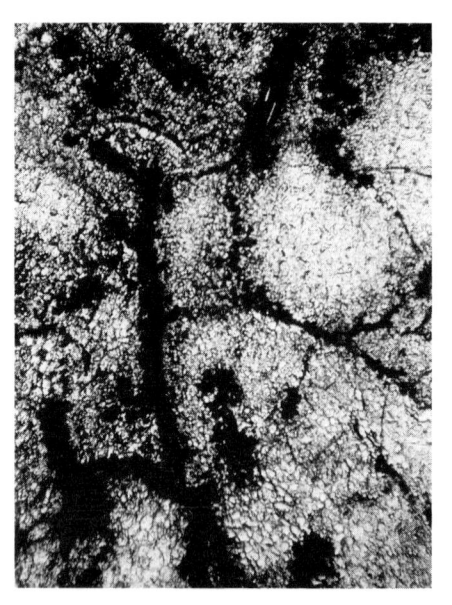

Abb. 79. Mikroaufnahme des Ureiliten Haverö im Durchlicht. Die hellen Bezirke sind Olivin-Kristalle, dazwischen die schwarzen Kohlenstoff-Adern. (Nach Wlotzka, Meteoritics 7, 1972)

2. Eisenmeteorite

Sie sind wie die Achondrite differenzierte Meteorite. Sie bestehen zu mehr als 90% aus metallischem Nickeleisen und enthalten nur wenige andere Minerale. Häufig treten diese in runden Knollen auf, die hauptsächlich aus Graphit und Troilit bestehen, aber auch Schreibersit, Chromit, Phosphate und Silikate enthalten können (siehe Abb. 81).

Die Einteilung der Meteorite erfolgt nach ihrer Struktur. Um diese gut erkennen zu können, stellen wir an einem Eisenmeteoriten eine ebene Schnittfläche her, die fein geschliffen und poliert wird. In der glatten Metallfläche erkennt man jetzt nur die eingelagerten Mineralkörner an ihrer abweichenden Farbe, z. B. gelbglänzend Troilit und Schreibersit. Beim Ätzen der Fläche mit Säure (Rezept im Anhang) entwickeln sich aber verschiedenartige Strukturen.

Bei einem Teil der Eisen treten Parallelscharen von sehr feinen Linien auf, nach dem Entdecker „Neumannsche Linien" genannt, die sich mannigfaltig durchkreuzen. Manchmal tritt ein solches Liniensystem ganz besonders deutlich hervor, wie es Abb. 80 am Meteoriten Buey Muerto zeigt. Diese Linien stellen in Wirklichkeit Querschnitte durch sehr dünne Platten

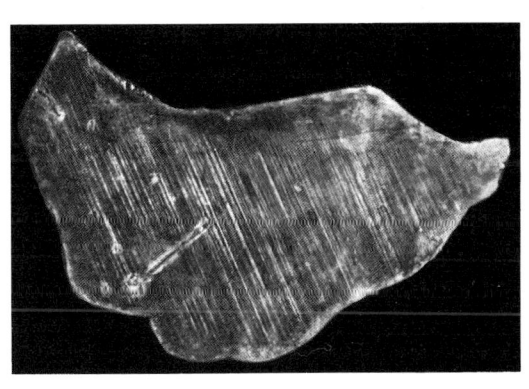

Abb. 80. Neumannsche Linien im Meteoreisen von Buey Muerto, Tocopilla, Chile. (4mal verkleinert)

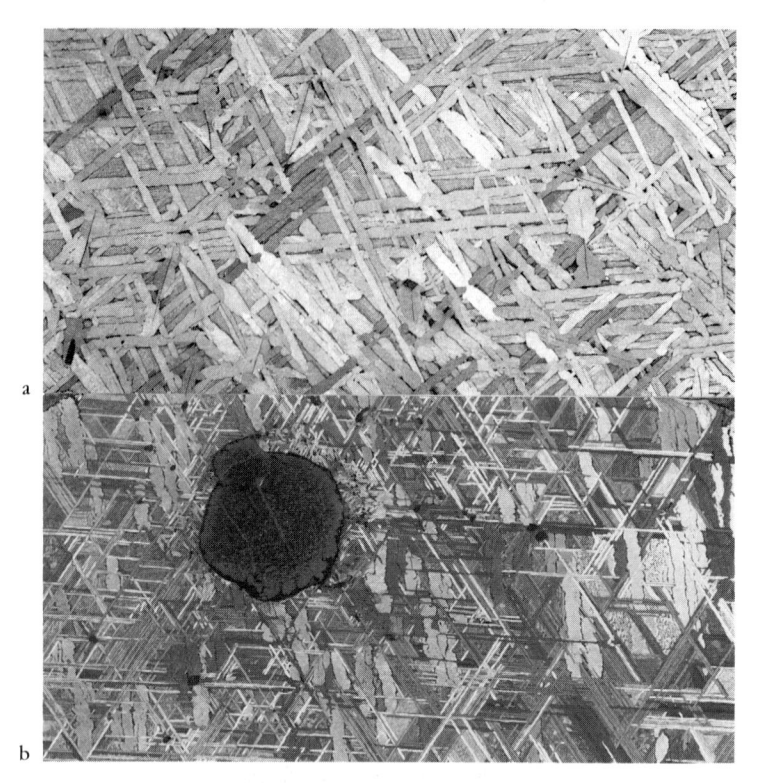

Abb. 81 a, b. Geätzte Anschliffe von Oktaedriten, natürliche Größe. **a** Staunton, grober Oktaedrit, Lamellenbreite 1,6 mm. **b** Altonah, feiner Oktaedrit, Lamellenbreite 0,3 mm. Links eine Graphit-Knolle. (Aufnahmen Smithsonian Institution)

dar, sogenannte Zwillingslamellen. Sie entstehen durch mechanische Beanspruchungen, und bei manchen Eisenmeteoriten kann man nachweisen, daß sie sich erst beim Aufschlag des Meteoriten auf den Erdboden gebildet haben. Die Eisen mit Neumannschen Linien lassen sich leicht nach drei aufeinander senkrecht stehenden Flächen zerteilen. Wegen dieser Spaltbarkeit nach dem Würfel (Hexaeder) werden sie „Hexaedrite" genannt. Sie bestehen chemisch aus einer einheitlichen Nickellegierung, dem Kamazit (s. u.).

Weitaus häufiger jedoch zeigen Eisenmeteorite nach dem Ätzen eine viel gröbere und augenfälligere Struktur. Wieder treten Parallelscharen von Lamellen auf, die sich unter verschiedenem Winkel kreuzen, meistens aber viel breiter sind als die Neumannschen Linien. Man hat die charakteristischen Figuren, die diese Lamellen bilden, nach ihrem Entdecker *„Widmanstättensche Figuren"* genannt (Abb. 81). Sieht man sich diese Figuren mit der Lupe an, so kann man deutlich zwei Elemente unterscheiden: das nickelarme *Balkeneisen* oder den *Kamazit* (nach dem griechischen Wort für Balken), der den Hauptteil der Lamellen bildet und von Säuren leicht angegriffen wird, und zweitens das nickelreiche *Bandeisen* oder den *Taenit* (nach dem griechischen Wort für Band), der viel schwerer von der Säure angegriffen wird. Der Taenit legt sich zu beiden Seiten als schmales Band an die viel dickeren Balken an. Abb. 82 zeigt das mikroskopische Bild und läßt die beiden Strukturelemente deutlich hervortreten. Das deutliche Sichtbarwerden der Figuren beim Ätzen wird durch die verschiedene Widerstandsfähig-

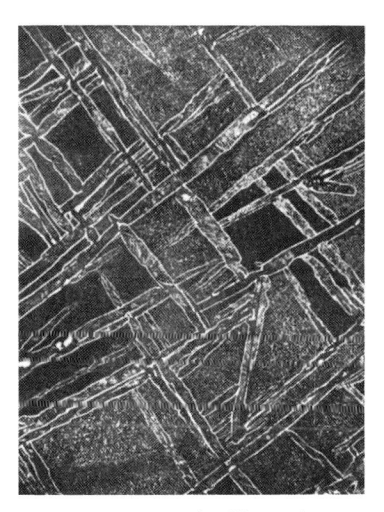

Abb. 82. Widmanstättensche Figuren im Meteoreisen von Duel Hill, USA (1854). Etwa 4mal vergrößert. (Nach Vogel, Abh. Ges. Wissensch., Göttingen, 1927)

keit der beiden Nickeleisenlegierungen gegen die Säure verursacht. Die widerstandsfähigeren Taenitplatten ragen als feine Leisten hervor, während die Balken vertieft sind. Wenn man lange genug ätzt, kann das Relief so stark werden, daß man die Eisenplatte unmittelbar als Druckstock benutzen kann.

Dieses Verfahren war als „Naturselbstdruck" vor der Erfindung der Fotografie üblich und wurde auch von Widmanstätten angewendet. Es war modernen Druckverfahren sogar überlegen, weil man auf den Drucken mit der Lupe noch feinste Einzelheiten erkennen konnte, die heute im Druckraster untergehen, siehe Abb. 83.

Makroskopisch macht sich noch ein drittes Strukturelement bemerkbar, das Fülleisen oder der *Plessit* (nach dem griechischen Wort für Fülle). Er füllt die Zwickel zwischen den Lamellen aus. Er besteht aus einer feinen Verwachsung von Kamazit und Taenit (Abb. 83).

Wie kommt nun diese gesetzmäßige Anordnung von Lamellen zustande? Nähere Untersuchung zeigt, daß diese Meteoreisen aus Nickeleisenplatten, deren Querschnitte auf der Schnittfläche die Lamellen darstellen, aufgebaut sind. Diese Platten bestehen aus Kamazit und sind umhüllt von einem

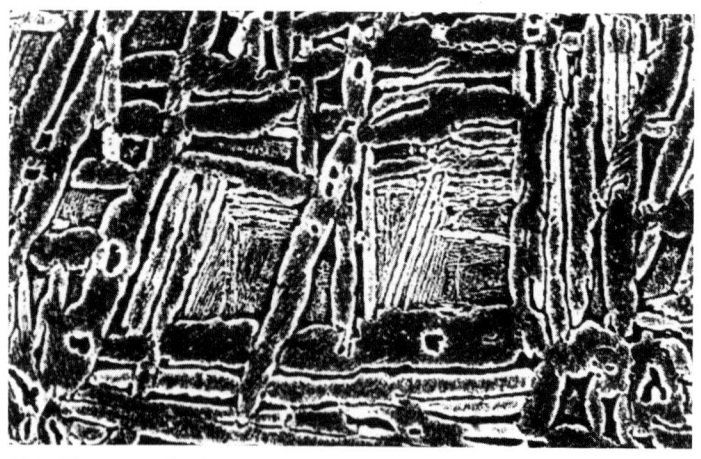

Abb. 83. Naturselbstdruck des mittleren Oktaedriten Lenarto, 3fach vergrößert. Er zeigt die Feinstruktur der Plessitfelder. (Aus P. Partsch, Die Meteoriten, Wien 1843)

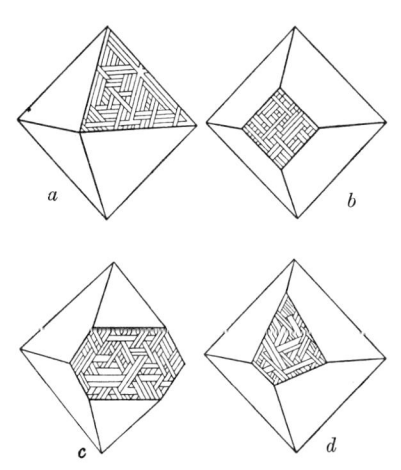

Abb. 84 a–d. Anordnung der Balken des Widmanstättenschen Gefüges in Abhängigkeit von der Schnittlage. **a** Schnitt einer Oktaederfläche; **b** Schnitt einer Würfelfläche; **c** Schnitt einer Rhombendodekaederfläche; **d** beliebige Schnittlage. (Tschermak, Lehrbuch der Mineralogie, 1894)

dünnen Belag von Taenit. Ihre Anordnung geht parallel den vier Flächenpaaren des Oktaeders. Was ein Oktaeder ist, zeigt die Abb. 84, eine aus 8 gleichseitigen Dreiecken aufgebaute Doppelpyramide. Immer zwei Flächen laufen parallel, so daß insgesamt vier verschiedene Flächenlagen zustande kommen. Wenn jetzt ein solcher aus Platten bestehender Oktaeder angeschnitten wird, so ergeben sich je nach der Lage des Schnittes verschiedenartige Figuren, wie es in Abb. 84 dargestellt ist. Die Orientierung der Lamellen ist oft selbst bei zentnerschweren Blöcken durch und durch einheitlich, d. h. daß dieser Block bei seiner Bildung ein einheitliches Individuum war.

Eisenmeteorite, die diesen Aufbau nach dem Oktaeder zeigen, werden „Oktaedrite" genannt. Sie werden nach der Breite ihrer Kamazit-Lamellen weiter unterteilt in gröbste bis feinste Oktaedrite, siehe Tabelle 15.

Die Entstehung des oktaedrischen Gefüges war lange Zeit rätselhaft, zumal es nicht gelang, ein ähnliches Gefüge im Labor künstlich zu erzeugen. Erst die genaue Untersuchung des Legierungssystems von Eisen (Fe) und Nickel (Ni) bei Tempe-

Tabelle 15. Strukturklassen und chemische Gruppen der Eisenmeteorite. (Nach V. Buchwald, Handbook of Iron Meteorites, Univ. Calif. Press, 1975)

Klasse	Symbol	Lamellenbreite (in mm)	Nickelgehalt (in %)	Chemische Gruppe
Hexaedrite	H	—	5 – 6	IIA
Gröbste Oktaedrite	Ogg	mehr als 3,3	5 – 9	IIB
Grobe Oktaedrite	Og	1,3–3,3	6,5– 8,5	IAB, IIIE
Mittlere Oktaedrite	Om	0,5–1,3	7 –13	IID, IIIAB
Feine Oktaedrite	Of	0,2–0,5	7,5–13	IIC, IVA
Feinste Oktaedrite	Off	kleiner als 0,2 kontinuierlich	17 –18	IIID
Plessitische Oktaedrite	Opl	kleiner als 0,2 Kamazit-Spindeln	9 –18	IIC
Ataxite	D*	—	16 –30	IVB, IIID

* von „dicht"

raturen unterhalb des Schmelzpunktes brachte die Erklärung. Es zeigte sich, daß eine homogene Legierung, die bei 900 °C nur aus Taenit besteht, sich bei langsamer Abkühlung im festen Zustand entmischt: Es bilden sich ein Ni-ärmerer Kamazit und ein Ni-reicherer Taenit. Beide haben im Gleichgewicht bei einer bestimmten Temperatur einen ganz bestimmten Ni-Gehalt, den das Fe-Ni-Zustandsdiagramm angibt (Abb. 85). Hier ist gezeigt, wie eine Legierung mit 10% Ni sich bei der Abkühlung verhält. Oberhalb von 700 °C besteht sie nur aus Taenit; wenn diese Temperatur erreicht wird, scheiden sich kleine Kristalle

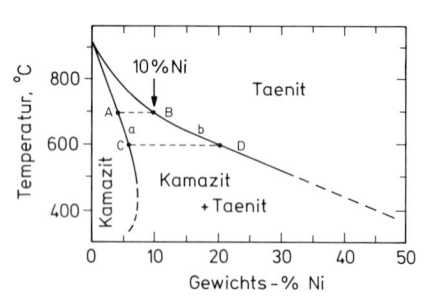

Abb. 85. Zustandsdiagramm des Eisen-Nickel-Systems. (Nach Goldstein und Ogilvie, Trans. Met. Soc. AIME 233, 1965)

von Kamazit mit 3% Ni aus (Punkt A). Mit weiterer Abkühlung muß sich Kamazit und Taenit entlang den Kurven a und b verändern, beide müssen Ni-reicher werden. Bei 600 °C hat der Kamazit 6% Ni (Punkt C) und der Taenit 20% (D). Ni diffundiert in beide Phasen hinein, das ist bei konstantem Ni-Gehalt der Legierung natürlich nur möglich, indem sich ein Teil des Taenits auflöst und Ni liefert, während der Kamazit auf Kosten des Taenits wächst. So bilden sich bei sehr langsamer Abkühlung plattenförmige Kristalle von Kamazit, die sich entlang Oktaederflächen des ursprünglichen Taenit-Kristallgitters anordnen. Daraus entsteht dann das Widmanstättensche Gefüge.

Durch genauere Analyse der Ni-Verteilung zwischen Kamazit und Taenit ist es möglich, die Abkühlungsgeschwindigkeit zu bestimmen. Die Diffusion des Ni wird bei tieferen Temperaturen immer langsamer. Vor allem der Taenit kann seinen Ni-Gehalt im Inneren schließlich nicht mehr ausgleichen, so daß er nur noch am Rand den hohen, der Temperatur entsprechenden Ni-Gehalt aufbauen kann. So entstehen die charakteristischen M-Profile des Ni-Gehaltes (Abb. 86). Wenn man die Diffusionsgeschwindigkeiten des Nickels in Kamazit und Taenit kennt, kann man aus dem Verlauf dieser M-Profile die Abkühlungsgeschichte eines Eisenmeteoriten rekonstruieren. Man erhält so Abkühlungsraten zwischen etwa 1 und 100 °C pro Millionen Jahre für den Temperaturbereich von 700° bis 450 °C. Bei 450 °C kommt die Diffusion des Nickels ganz zum Erliegen, so daß Kamazit und Taenit sich danach nicht weiter verändern. Diese langsame Abkühlung über Millionen von Jahren macht es auch verständlich, warum eine Nachahmung dieser Struktur im Labor nicht gelingen konnte.

Das Gefüge kann aber durch Wiedererhitzen auf 900 bis 1000 °C in kurzer Zeit wieder zerstört werden. Hier bildet sich entsprechend dem Phasendiagramm wieder Taenit, der bei normaler Abkühlung auf Raumtemperatur als metastabile Phase ($\alpha 2$) erhalten bleibt (Abb. 87). Derartige, sekundär veränderte Strukturen findet man bei relativ vielen Eisenmeteoriten, die früher einmal in einem Schmiedefeuer oder ähnlichem erhitzt wurden. Buchwald fand, daß 18% aller Eisenmeteorite solche

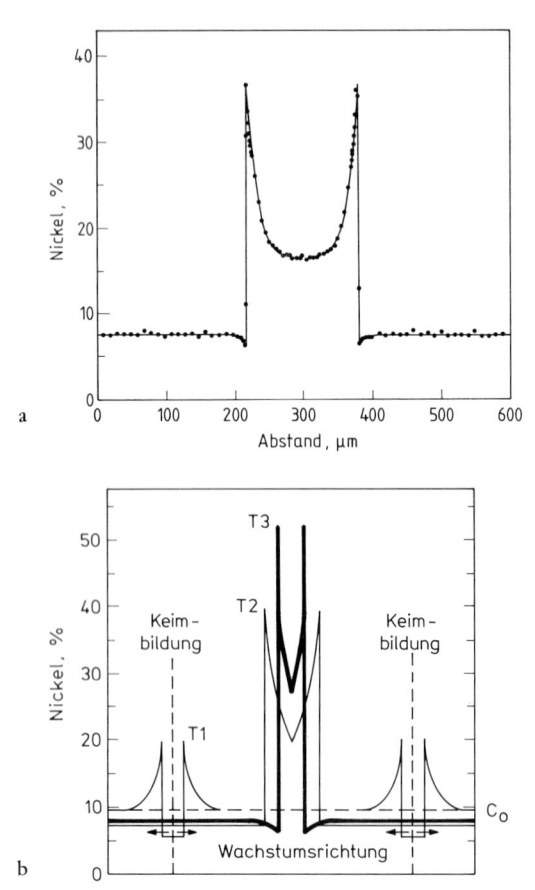

Abb. 86. a Nickelverteilung, wie sie in einer Taenit-Lamelle eines Eisenmeteoriten gemessen wurde. **b** Schematische Entwicklung der Nickelverteilung in Kamazit und Taenit während der Abkühlung von der Temperatur T1 nach T2 und T3. (Nach Goldstein u. Axon, Naturwissenschaften 60, 1973)

Veränderungen zeigen. So wurde z. B. das Eisen von Bitburg in der Eifel um 1805 von seiner Fundstelle zu einer Schmiede gebracht und der vergebliche Versuch gemacht, daraus schmiedbares Eisen zu gewinnen.

Beim Flug durch die Atmosphäre wird bei allen Eisenmeteoriten eine schmale Zone von etwa 1 cm Dicke durch die

Abb. 87. Meteoreisen von Toluca, Mexiko. Oben: vor, unten: nach Erhitzen auf 950°. Etwa 1,5mal vergrößert. (Nach Berwerth, Sitz.-Ber. Akadem. Wien, 1905)

Hitzeeinwirkung verändert. Bis in 2 mm Tiefe bildet sich das feinkörnige α2-Gefüge. Darunter bis 1 cm Tiefe ist die Veränderung nur durch Härtemessungen nachweisbar, weiter innen sind keinerlei Hitzeeinwirkungen mehr festzustellen.

Die Nickel-Gehalte der Eisenmeteorite liegen zwischen etwa 5 und 50%. Aus dem Fe-Ni-System (Abb. 85) kann man ersehen, daß durch den Ni-Gehalt die Struktur bestimmt wird: zwischen 6 und 20% bilden sich Oktaedrite, und je höher der Ni-Gehalt ist, desto feiner werden die Kamazit-Balken (und desto mehr Taenit bleibt übrig). Man unterteilt deshalb die Oktaedrite nach der Breite der Kamazit-Balken, siehe Tabelle 15 und Abb. 81.

Bei Gehalten unter 6% Ni wandelt sich aller Taenit in Kamazit um, so entstehen die vorn erwähnten Hexaedrite. Hier bestehen Übergänge zu den gröbsten Oktaedriten, die nur noch aus wenigen Kamazit-Lamellen bestehen, Taenit kann fehlen. Bei mehr als 20% Ni wird die Entstehung von Kamazit immer mehr erschwert, weil die Diffusion immer langsamer wird. Es entstehen die feinsten und die plessitischen Oktaedrite und schließlich Ataxite, die keine Struktur mehr zeigen (griechisch = ohne Struktur). Es gibt aber auch Ni-ärmere Ataxite, wie z. B. der Eisenmeteorit Rafrüti (Kanton Bern, Fund von 1886) mit 9,4% Ni oder der 1968 bei Juromenho (Alentejo) in Portugal gefallene mit 8,7% Ni. Sie bestehen im wesentlichen aus sehr feinkörnigem Kamazit und sind wahrscheinlich aus einem Oktaedriten durch Wiedererhitzen und schnelles Abkühlen im Kosmos entstanden.

In den letzten Jahren wurde zusätzlich zu der Einteilung nach der Struktur eine chemische Klassifizierung für die Eisenmeteorite entwickelt. Sie benutzt Nickel und die Spurenelemente Gallium, Germanium und Iridium zur Definition von chemischen Gruppen. Diese Spurenelemente zeigen Korrelationen mit Nickel und in Diagrammen wie der Abb. 88 entstehen zusammenhängende Felder. Die innerhalb solcher Felder liegenden Eisenmeteorite werden zu Gruppen zusammengefaßt, die mit römischen Zahlen und Buchstaben bezeichnet werden. Gewöhnlich gehören verschiedene Strukturklassen auch zu verschiedenen chemischen Gruppen. Tabelle 15 zeigt die chemischen Gruppen und ihren Zusammenhang mit den

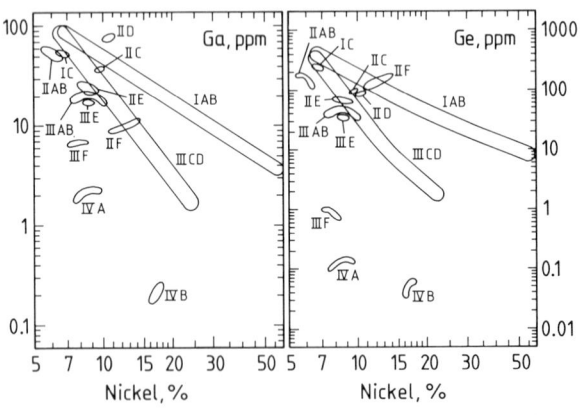

Abb. 88. Gallium-Nickel- und Germanium-Nickel-Diagramm mit den Feldern der chemischen Gruppen der Eisenmeteorite. (Nach Wai u. Wasson, Nature 282, 1979)

Abb. 89. Silikat-Einschlüsse im Oktaedriten Landes, Bildlänge 3 cm. (Aus D. Luzius-Lange, Diss. Mainz, 1986)

Strukturklassen. Es ist anzunehmen, daß die Eisenmeteorite einer chemischen Gruppe gleichen Ursprungs sind, also vom gleichen Mutterkörper stammen.

Es gibt in Eisenmeteoriten auch Silikat-Einschlüsse. Sie treten hauptsächlich in den groben Oktaedriten der Gruppe IAB auf und können cm-große Aggregate bilden (Abb. 89). Sie bestehen aus rund 0,1 mm großen Körnern von Olivin, Pyroxen und Feldspat von etwa der gleichen Zusammensetzung wie in Chondriten. Sie haben deshalb mit den Pallasiten, die nur große Olivinkristalle enthalten, nichts zu tun. Das genauere Verhältnis zu den Chondriten und die Herkunft dieser Einschlüsse ist aber noch nicht geklärt.

Wahrscheinlich gehört auch der Meteorit Steinbach (Erzgebirge, gefunden 1724) zu den Eisenmeteoriten. Er besteht zu etwa gleichen Teilen aus Nickeleisen und Silikaten, die in einer groben, pallasitähnlichen Struktur verwachsen sind. Die Silikate sind Ortho- und Klinopyroxen sowie Tridymit. Er wurde früher in eine eigene Klasse gestellt, die „Siderophyre". Das

Eisen zeigt aber Widmanstättensche Figuren und die Zusammensetzung der chemischen Gruppe IVA.

3. Stein-Eisen-Meteorite

a) Pallasite. Sie wurden nach dem Forschungsreisenden Peter Simon Pallas benannt. Er studierte und beschrieb 1772 eine bei Krasnojarsk in Rußland gefundene große Eisenmasse, die in Hohlräumen große Olivinkristalle enthielt. Die charakteristische Struktur der Pallasite zeigt Abb. 90. Die Olivine sind typischerweise 0,5 bis 2 cm groß, und viele Körner zeigen, wenn man das Metall um sie herum weglöst, schöne Kristallfacetten, zwischen denen die Kanten abgerundet sind (Abb. 91).

In kleinerer Menge finden sich an der Grenze zwischen Metall und Olivin noch andere Minerale: Troilit, Schreibersit, Chromit, Orthopyroxen und Phosphate. Das Metall besteht aus Kamazit und Taenit und kann dort, wo größere Bereiche frei von Olivin sind (wie z. B. stellenweise im Pallasiten Brenham),

Abb. 90. Polierte Fläche des Pallasiten Admire. Die Olivinkristalle erscheinen dunkel in dem hellen metallischen Eisen. Etwa natürliche Größe

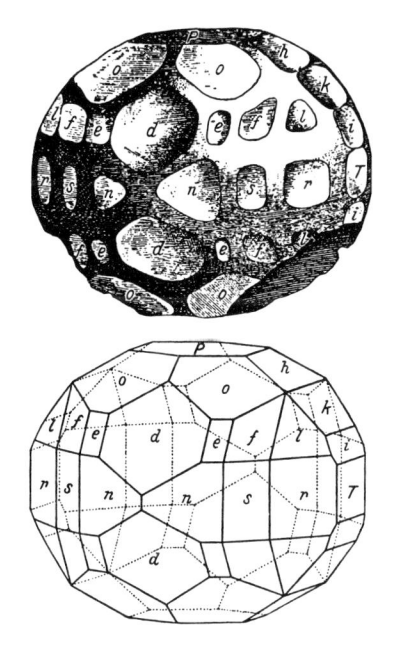

Abb. 91. Olivinkorn mit Kristallfacetten aus dem Pallasit von Krasnojarsk, Sibirien. Die untere Figur zeigt die Ergänzung der Facetten zu sich in scharfen Kanten schneidenden Kristallflächen. Etwa 10fach vergrößert. (Nach Kokscharow, Mater. Mineral. Rußlands. 6)

auch Widmanstättensches Gefüge zeigen. Im Gehalt an Ni und Spurenelementen ist das Metall den mittleren Oktaedriten der Gruppe III AB ähnlich. Die Pallasite stammen vermutlich aus der Grenzzone zwischen dem Eisenkern und dem silikatischen Mantel eines kleineren Planeten (Asteroiden).

b) Mesosiderite. Sie bestehen ebenfalls aus Silikaten und Metall (40 bis 60%), ihre Verwachsung ist aber viel feiner und oft sehr unregelmäßig. So können in metallreiche Partien größere Silikat-Knollen eingelagert sein (Abb. 92). Die Silikatminerale sind die gleichen wie in Eukriten und Diogeniten, nämlich Olivin, Pyroxen und Ca-reicher Feldspat. Sie bilden silikatische Fragmente, die zusammen mit mehr oder weniger feinkörni-

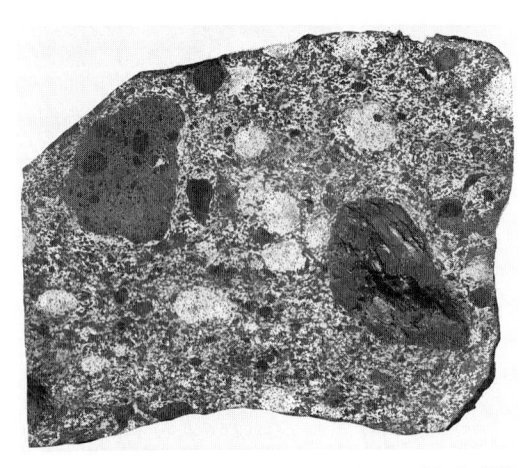

Abb. 92. Anschliff des Mesosideriten Chinguetti. Metall hell, Silikate dunkel. 0,5fache natürl. Größe. (Aufnahme Smithsonian Institution)

gem Metall eine Breccie bilden. Sie kann nachträglich noch mehr oder weniger stark rekristallisiert worden sein. Die Texturen der Mesosiderite sind deshalb sehr mannigfaltig und können von Stück zu Stück immer wieder anders aussehen.

Der chemische Bestand der Meteorite

Sobald die wahre Natur der Meteorite im vorigen Jahrhundert erkannt worden war, ging man sofort daran, sie eingehend chemisch zu untersuchen. Zuerst war natürlich der Grund für dieses Interesse der, daß in den Meteoriten das einzige unmittelbarer Untersuchung zugängliche Material aus dem Raum außerhalb unserer Erde vorlag.

In neuerer Zeit ist noch ein zweiter Grund hinzugetreten. Die Wissenschaft, die sich mit dem stofflichen Aufbau der Erde befaßt, die Geochemie, sieht in gewissen Gruppen der Meteorite Stoffkombinationen, wie sie nach unseren Anschauungen auch im Innern der Erde, das niemals unserer unmittelbaren Beobachtung zugänglich sein wird, auftreten müssen. Sie hat somit in den Meteoriten ein ausgezeichnetes Material in der

Hand, um ihre durch das Experiment und durch Naturbeobachtung an der Erdoberfläche aufgefundenen Gesetzmäßigkeiten der Stoffverteilung nachzuprüfen.

Das erste wichtige Ergebnis dieser eingehenden chemischen Untersuchung ist, daß bis jetzt in den Meteoriten noch *kein chemisches Element gefunden* worden ist, *das nicht auch auf der Erde vorhanden ist,* und umgekehrt sind *sämtliche Elemente,* die wir auf der Erde kennen, auch *in den Meteoriten vorhanden.*

Die Elemente der Meteorite gruppieren sich zu bestimmten Stoffassoziationen, in denen sie praktisch ausschließlich oder vorwiegend anzutreffen sind. Eine Gruppe finden wir angereichert in dem gediegenen Nickeleisen, einem der Hauptbestandteile der Meteorite. Die Geochemiker bezeichnen diese Elemente als *siderophil,* wegen ihrer Vorliebe für das metallische Eisen (griechisch *sideros* = Eisen). Es sind das außer dem Eisen: Nickel, Kobalt, Kupfer, Gallium, Germanium, Arsen, Zinn, Gold und die Platinmetalle Ruthenium, Rhodium, Palladium, Osmium, Iridium und Platin. Eine zweite Gruppe zeigt eine große Verwandschaft zum Schwefel, wir finden sie daher in dem Schwefeleisen oder Troilit der Meteorite angereichert. Sie werden als *chalkophil* (griechisch *chalkos* = Erz) bezeichnet.

Zu dieser Gruppe sind zu rechnen neben dem Eisen (das also siderophil *und* chalkophil ist): Silber, Cadmium, Indium, Thallium, Blei und Wismut, ferner außer dem Schwefel selbst noch Selen und Tellur.

Eine dritte Gruppe schließlich zeigt große Verwandtschaft zum Sauerstoff (O), sie ist in den Silikaten der Meteorite besonders angereichert. Wir nennen sie *lithophil* (griechisch *lithos* = Stein). Zu ihr gehören außer dem Sauerstoff: die Alkalien Lithium, Natrium, Kalium, Rubidium und Cäsium, die Erdalkalien Beryllium, Magnesium, Calcium, Strontium, Barium und Radium, weiter Bor, Aluminium, Scandium, Yttrium und die Seltenen Erden, Thorium, Uran, weiter Silicium, Titan, Zirkonium, Hafnium, Vanadium, Zink, Niob, Tantal, Phosphor, Chrom, Mangan und einige seltene mehr. Eine vierte Gruppe, die selbst oder in Verbindungen sehr leicht flüchtig sind und sich daher in der Atmosphäre der Himmelskörper anreichern, die *atmophilen* (griechisch *atmos* = Luft) Elemente

(Wasserstoff, Stickstoff, Edelgase), sind in den Meteoriten nur in ganz geringen Mengen enthalten. Einige von ihnen, nämlich die Edelgase Helium, Neon, Argon, Krypton und Xenon sind aber für die Aufklärung der Vorgeschichte der Meteorite von ganz besonderer Bedeutung, wie wir weiter unten sehen werden.

Ebenso wie in der Erdrinde kommen auch in den Meteoriten nur wenige Elemente in so erheblicher Konzentration vor, daß zu ihrer exakten Bestimmung die klassischen analytischen Methoden der Chemie ausreichen. Weitaus die meisten Elemente kommen in den Meteoriten in Konzentrationen von nur wenigen millionstel Gramm pro Gramm Meteoritensubstanz vor (1 ppm = part per million = 1 g auf 1 Million g, entspricht 0,0001%). Es gibt heute eine Anzahl von genügend empfindlichen Methoden, um diese kleinen Gehalte zu bestimmen. So hat sich besonders die *Spektralanalyse* als brauchbar erwiesen, sowohl die der Röntgenstrahlen wie die des sichtbaren, ultravioletten und infraroten Lichtes. Man benutzt hierbei die Eigenschaft der Elemente, unter bestimmten Bedingungen Strahlen von charakteristischen Wellenlängen auszusenden. Als Beispiel dafür diene ein einfacher Versuch. Wenn man eine Stahlnadel durch die Finger zieht und dann in die nichtleuchtende Flamme eines Gasbrenners hält, färbt sich die Flamme gelb. Die Ursache dafür ist die winzige Menge von Natriumchlorid, die mit der Spur von Schweiß beim Berühren der Haut auf die Nadel gelangt ist, und zwar ist die gelbe Farbe charakteristisch für das Element Natrium. Die Strahlung, die die Elemente aussenden, wird dann bei den Lichtstrahlen durch ein Prisma, bei den Röntgenstrahlen durch einen Kristall in die einzelnen Wellenlängen zerlegt, die sie zusammensetzen. Aus der Intensität der charakteristischen Spektrallinien kann dann auf die Konzentration zurückgeschlossen werden.

Eine besonders empfindliche, neue Methode ist die Neutronenaktivierungsanalyse. Dabei wird die Probe in einem Kernreaktor mit Neutronen bestrahlt, wodurch die gesuchten Spurenelemente (allerdings nur zu einem geringen Bruchteil) in radioaktive Atomarten umgewandelt werden, deren Strahlung dann direkt gemessen werden kann. Viele Elemente können so bereits in der festen Probe „zerstörungsfrei" gemessen werden, andere nach Auflösen der Probe und chemischer Abtrennung des gesuchten Elements. Ein großer Vorteil der Neutronenaktivierungsanalyse ist dabei die Freiheit von Kontamination, d. h. von Verunreinigungen, die bei der chemischen Aufarbeitung einer Probe nur sehr schwer zu vermeiden sind. Bei der Messung von ppb-Gehalten können solche Verunreinigungen das Meßergebnis stark verfälschen (1 ppb = part per billion = 1 milliardstel oder 10^{-9} g pro g). Da die Probe *vor* der Aufarbeitung bestrahlt wird und dann nur die aktivierten Atome gemessen werden, können spätere Verunreinigungen mit nicht-aktiven Elementen nicht mehr stören. Viele Spurenelemente konnten erst seit Einführung der Neutronenaktivierung zuverlässig bestimmt werden, so z. B. das für die Altersbestimmung wichtige Uran (s. u.).

Mit den bisher beschriebenen Methoden werden Gesamtproben gemessen, die im allgemeinen durch feines Zermahlen eines Meteoriten gewonnen werden. Man kann aber auch gezielt einzelne Mineralkörner im Gesteinsverband analysieren, z. B. mit der Elektronenstrahl-Mikrosonde. Dabei wird ein Elektronenstrahl fein gebündelt auf eine polierte Schnittfläche eines Gesteins gerichtet und die an einem Punkt von einigen μm (1 μm = 1/1000 mm) erzeugte Röntgenstrahlung gemessen, also eine Röntgen-Spektralanalyse durchgeführt. Man kann so die genaue Zusammensetzung einzelner Minerale bestimmen und die Element-Verteilung zwischen den einzelnen Mineralphasen ermitteln. Man kann damit Auskünfte über Gleichgewichtseinstellung, die dabei herrschenden Temperaturen und Redox-Bedingungen erhalten. Ein einfaches Beispiel ist die Messung der Fe- und Mg-Gehalte von Olivinen und Pyroxenen in den Chondriten, die zur Unterscheidung zwischen H-, L- und LL-Typen dient. Auch die in Abb. 86 gezeigte Ni-Verteilung im Taenit eines Eisenmeteoriten wurde mit der Mikrosonde bestimmt.

Ein weiteres Beispiel zeigt Abb. 93. Es ist ein komplexes Korn aus dem kohligen Chondriten Allende, vermutlich durch Kondensation aus dem solaren Nebel entstanden, dessen Struktur und einzelne Phasen durch die Elektronen-Mikrosonde sichtbar gemacht und analysiert werden können.

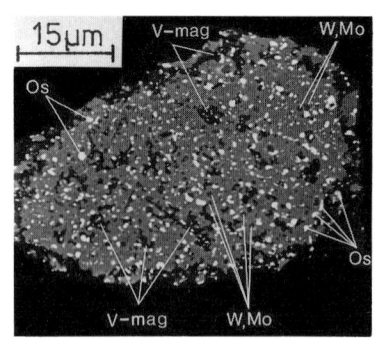

Abb. 93. Nickel-Eisenkorn aus Allende. Es enthält feine Einschlüsse aus Osmium (Os), Vanadium-Magnetit (V-mag) und Calcium-Wolfram-Molybdän-Oxid (W, Mo). (Aus Bischoff u. Palme, Geochim. Cosmochim. Acta 51, 1987)

Die kosmische Häufigkeit der Elemente

Tabelle 23 im Anhang zeigt die Häufigkeit aller Elemente in einem C1-Chondriten (Orgueil), einem gewöhnlichen Chondriten (Richardton), einem Achondriten (Eukrit Juvinas), einem Eisenmeteoriten (Cañon Diablo) und zum Vergleich die mittlere Zusammensetzung der Erdkruste. In Tabelle 16 sind daraus die 15 häufigsten Elemente zusammengestellt. Ihre Reihenfolge folgt der Häufigkeit im C1-Chondriten Orgueil, den Grund dafür werden wir gleich kennenlernen. Zunächst ist zu bemerken, daß in allen drei Meteoriten-Typen wie auch in der Erdkruste O, Fe und Si die bei weitem häufigsten Elemente sind, sie allein machen schon 75 bis 80% dieser Gesteine aus (und die ersten 10 Elemente der Liste 97 bis 99%). Die weitere Reihenfolge ist für die Meteoriten-Typen etwas verschieden: gewöhnliche Chondrite enthalten weniger C und S als C1, die Eukrite haben noch weniger C und S, sehr wenig Ni, aber wesentlich mehr Ca und Al. Welche dieser Analysen entspricht nun den „kosmischen" Häufigkeiten?

Für die Feststellung der kosmischen Häufigkeiten gibt es noch einen anderen Körper: die Sonne. Sie enthält 99,9% aller Materie im Sonnensystem, und sie ist deshalb für die Zusammensetzung des ganzen Sonnensystems maßgebend. Ihr chemi-

Tabelle 16. Hauptelemente in Gew.% im C1-Chondriten Orgueil, im H-Chondriten Richardton und im Eukriten Juvinas (nach Palme, Suess, Zeh, Landolt-Börnstein, Neue Serie VI/2a, 1981) und Mittelwerte für die obere Erdkruste (nach Wedepohl, Fortschr. Miner. 52, 1975)

Elemente	Symbol	Orgueil	Richardton	Juvinas	Erdkruste
Sauerstoff	O	47,0	33,8	42,4	47,3
Eisen	Fe	18,3	29,0	23,0	3,54
Silizium	Si	10,68	16,31	14,5	30,54
Magnesium	Mg	9,36	13,85	4,0	1,39
Schwefel	S	5,8	1,42	0,20	0,031
Kohlenstoff	C	3,5	0,08	0,06	0,032
Nickel	Ni	1,08	1,72	0,0001	0,0044
Calcium	Ca	0,90	1,15	7,7	2,87
Aluminium	Al	0,82	1,05	7,1	7,83
Natrium	Na	0,50	0,71	0,28	2,45
Chrom	Cr	0,27	0,32	0,21	0,0070
Mangan	Mn	0,18	0,23	0,40	0,069
Phosphor	P	0,10	0,10	0,04	0,081
Kalium	K	0,052	0,072	0,022	2,82
Titan	Ti	0,044	0,06	0,38	0,47

scher Aufbau kann mit Hilfe der Spektralanalyse ebenfalls bestimmt werden, und es hat sich herausgestellt, daß die C1-Chondrite in allen Elementen recht genau dieser Zusammensetzung folgen (mit Ausnahme der Elemente, die ganz oder zum großen Teil gasförmig sind, wie He, H, O, N, C). Dies zeigt Abb. 94, wo die Häufigkeiten in der Sonne auf der einen Achse, die in C1-Chondriten auf der anderen aufgetragen sind. Alle Werte liegen dicht an der 45°-Linie, wo alle Punkte liegen müssen, für die beide Häufigkeiten gleich groß sind. Man hat sich deshalb angewöhnt, die C1-Werte als kosmische Häufigkeit (genauer: solare Häufigkeit) zu bezeichnen und zu benutzen, weil die C1-Werte viel genauer meßbar sind als die Werte für die Sonne.

Wir erinnern uns, daß kohlige Chondrite auch nach ihrer mineralogischen Struktur undifferenzierte oder primitive Meteorite sind. Die gewöhnlichen Chondrite sind zwar auch noch undifferenziert, ihnen fehlen aber schon einige leichter flüchtige Elemente: außer C und S auch Spurenelemente wie Germanium, Silber, Cadmium, Indium, Thallium und Wismut. Die differenzierten Achondrite zeigen stärkere Abweichungen: An-

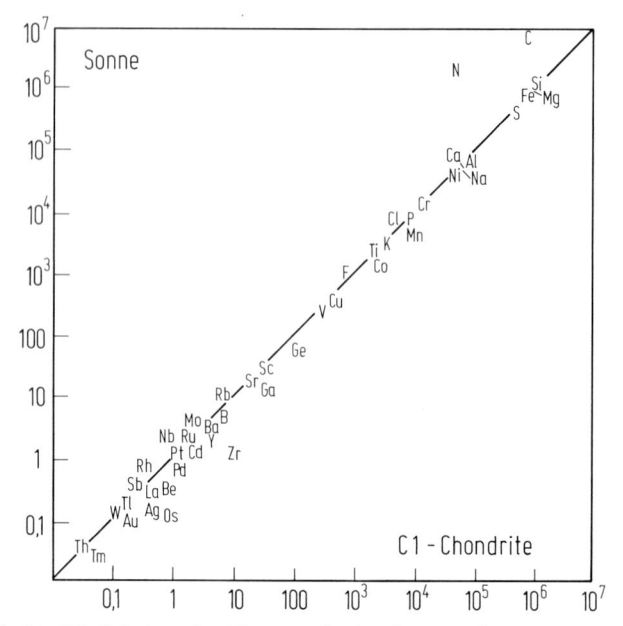

Abb. 94. Häufigkeiten der Elemente in der Sonne aufgetragen gegen die Häufigkeiten in C1-Chondriten, in Atomen pro 10^6 Atome Si. (Nach Werten von Palme, Suess, Zeh, Landolt-Börnstein, Neue Serie VI/2a, 1981)

reicherungen von Ca und Al stehen starke Verarmungen an C, S und Ni gegenüber, auch Mg und die Alkalien Na und K sind verarmt. Entsprechendes gilt für unsere Erdkruste, sie ist ebenfalls an Ca und Al, aber auch an lithophilen Elementen wie Na und K angereichert, an Fe, Mg und an S sowie siderophilen Elementen (Ni, Co, Ru, Rh, Pd, Os, Ir, Pt) stark verarmt. (Diese niedrigen Gehalte z. B. von Iridium erlauben es, Meteoriten-Einschläge durch erhöhte Ir-Gehalte in Impaktschmelzen zu erkennen, siehe S. 45.) Diese geochemischen Erkenntnisse und der Vergleich mit den Meteoriten haben zu der Modellvorstellung vom Aufbau der Erde geführt: ein metallischer Nickeleisen-Kern enthält die siderophilen Elemente, ein Mantel Fe, Mg-Silikate und die Kruste leichtere lithophile Elemente. Die Erde als Ganzes würde dann trotzdem eine chondritische Zusammensetzung haben.

Trotz der Unterschiede in den Elementhäufigkeiten zwischen den einzelnen Meteoriten-Typen und der Erde zeigen sich doch einige allgemeine Gesetzmäßigkeiten. Ein Ergebnis der modernen Atomforschung ist die Erkenntnis, daß wir die chemischen Elemente in einer Reihe anordnen können, in der jedes Element seinen ganz bestimmten Platz, seine Nummer hat. Diese Nummer wird auch Ordnungszahl genannt. Das erste Element mit der Ordnungszahl 1 ist der Wasserstoff, das mit der Ordnungszahl 92 ist das Uran, die Muttersubstanz des allbekannten Radiums. Atomarten mit noch höheren Ordnungszahlen sind künstlich hergestellt worden. Jedes Atom ist aufgebaut aus einem Kern, der fast die ganze Masse des Atoms in sich vereinigt und einer Hülle aus Elektronen, das sind kleinste negative Elektrizitätsteilchen, die den Kern in verschiedenen Bahnen umkreisen. Die Zahl der Elektronen wird durch die positiven Ladungseinheiten des Kernes, die gleich der Ordnungszahl ist, bestimmt, da das Atom ja elektrisch neutral ist. Der Wasserstoff hat also 1 Elektron, das Uran 92 Elektronen. Die Atomhülle ist für das chemische Verhalten der Elemente maßgeblich und damit auch für ihre geochemische Charakteristik. Es hat sich nun gezeigt, daß die Häufigkeit der Atomarten im gesamten Weltall von ihrer Ordnungszahl abhängig ist. Die *Häufigkeit der Atomarten nimmt mit zunehmender Ordnungszahl ab* (Abb. 95). Es gibt zwar einige Abweichungen von dieser Regel, vor allem bei den leichten Elementen Lithium, Beryllium und Bor zeigt sich ein tiefes Minimum und bei Eisen ein Anstieg in der Kurve, aber der allgemeine Trend, den Abb. 95 zeigt, ist doch sehr deutlich. Die Atomarten Wasserstoff und Helium mit den Ordnungszahlen 1 und 2 sind demnach die häufigsten, das Uran (Ordnungszahl=92) ein recht seltenes Element im gesamten Weltall. Eine zweite Abhängigkeit wird durch die sogenannte *Harkinsche Regel* ausgedrückt: Ein Element mit gerader Ordnungszahl, sagen wir etwa 18, 20, 22, ist häufiger als seine beiden Nachbarn mit ungerader Ordnungszahl, also 18 häufiger als 17 und 19, 20 häufiger als 19 und 21 usw. (Abb. 95). Beide Gesetze wurden zunächst am Material der Erdkruste festgestellt. Die Untersuchung der Meteorite zeigte, daß es sich um allgemeine Gesetze handelt und

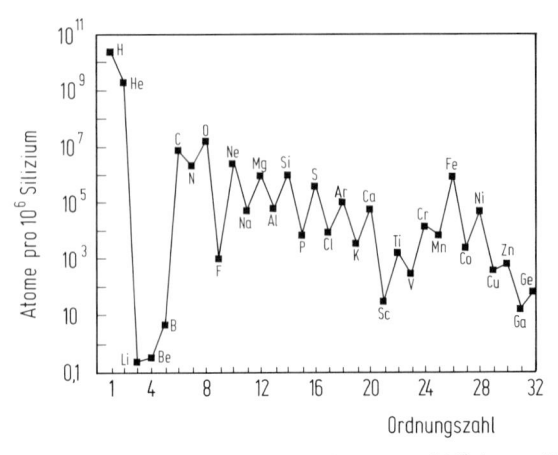

Abb. 95. Solare Häufigkeiten der Elemente, bezogen auf 10^6 Atome Si. (Nach Werten von Palme, Suess, Zeh, Landolt-Börnstein, Neue Serie VI/2a, 1981)

nicht um irdische Besonderheiten, die mit der Bildungsgeschichte der Erde zusammenhängen.

Eine weitere Übereinstimmung zwischen den chemischen Elementen auf der Erde und in den Meteoriten betrifft ihre Isotopen-Verhältnisse. Zum Verständnis des Begriffs Isotop müssen wir das eben beschriebene Atommodell noch etwas weiter ausführen. Es gibt von den meisten Elementen mehrere Atomarten, die sich durch ihr Atomgewicht unterscheiden. Der Atomkern enthält neben den positiv geladenen Protonen auch neutrale, gleich schwere Teilchen, die Neutronen. Das Atomgewicht ist die Summe der Protonen und Neutronen, die jedes die Masse 1 haben. Die Zahl der Neutronen ist etwa gleich der Zahl der Protonen in einem Kern, es gibt aber für die meisten Elemente mehrere „Isotope", die bei gleicher Protonenzahl (und damit Kernladung und Ordnungszahl) verschiedene Neutronenzahlen haben. So enthält das Element mit der Ordnungszahl 12, das Magnesium, 12 Protonen, der Kern kann aber dazu 12, 13 oder 14 Neutronen haben. Diese Isotope des Magnesiums haben die Massen 24, 25 und 26, abgekürzt schreibt man ^{24}Mg, ^{25}Mg und ^{26}Mg. Die natürlich vorkommenden Elemente sind fast immer Gemische mehrerer Isotope, das irdische Magnesium besteht z. B. aus 78,6% ^{24}Mg, 10,1% ^{25}Mg und 11,3% ^{26}Mg. (Nur wenige Elemente bestehen aus nur einem stabilen Isotop, so Beryllium ^{9}Be, Natrium ^{23}Na und Aluminium ^{27}Al.) Die chemischen Eigenschaften eines Elements sind für alle seine Isotope gleich, bei geochemischen Prozessen ändern sich deshalb die Isotopenverhältnisse nicht. Sehr genaue Messungen an irdischen Proben und Meteoriten haben nun gezeigt, daß die Isotopenverhältnisse für irdische und meteoritische Elemente gleich sind.

Es gibt aber Ausnahmen und diese Ausnahmen sind besonders interessant. Wenn sich die Isotopenverhältnisse auch bei *chemischen* Prozessen nicht verändern, so können sie doch durch *physikalische* Vorgänge verändert werden. Das sind z. B. Verdampfung, Kondensation und Diffusion, die Verschiebungen sind dabei aber sehr klein. Größere Effekte treten bei radioaktiven Prozessen auf, die nur ein bestimmtes Isotop eines Elements erzeugen, und bei Kernprozessen, die durch energiereiche Strahlung ausgelöst werden, z. B. durch die Höhenstrahlung. Diese Effekte können bei Meteoriten zur Aufklärung ihres Alters und ihrer Aufenthaltsdauer im Weltraum ausgenutzt werden, wir kommen darauf später zurück.

Zum anderen könnten abweichende Isotopenverhältnisse, die sich nicht durch radioaktive oder kernphysikalische Prozesse erklären lassen, sogenannte „Isotopenanomalien", ein Indiz für Materie von außerhalb unseres Sonnensystems sein, die aus anderen Kernprozessen hervorgegangen ist und sich nicht homogen mit dem solaren Nebel gemischt hatte, als die ersten festen Bestandteile gebildet wurden. Bisher gab es keinerlei Hinweise für solche Abweichungen, neuerdings wurden aber Isotopenanomalien gefunden, die so gedeutet werden müssen.

Isotopenanomalien

Die auffälligste Anomalie betrifft das häufigste Element in den Meteoriten und der Erde, den Sauerstoff. Er besteht aus den drei Isotopen ^{16}O (99,76%), ^{17}O (0,038%) und ^{18}O (0,20%). Diese Isotopenverhältnisse schwanken in irdischen Proben um bis zu 10%, hervorgerufen durch die erwähnten physikalischen

Prozesse wie Kondensation, Verdampfung und Diffusion oder unterschiedlich starke Bindung an andere Elemente in verschiedenen Mineralen. Diese Fraktionierungen sind proportional zu der Massendifferenz zwischen den Isotopen, sie sind deshalb halb so stark für ^{17}O wie für ^{18}O relativ zu ^{16}O. In einer Darstellung der Abweichungen des $^{17}O/^{16}O$-Verhältnisses von einem Standard-Wert (ausgedrückt als $\delta^{17}O$ in ‰) gegen die Abweichungen des $^{18}O/^{16}O$-Verhältnisses ($\delta^{18}O$) liegen die Werte deshalb alle auf einer Geraden mit der Steigung ½ (Abb. 96). Auf der gleichen Linie müßten auch die Werte für die Meteorite liegen, wenn sie aus dem gleichen ursprünglichen Reservoir entstanden wären. Es hat sich nun herausgestellt, daß die verschiedenen Meteoriten-Klassen eigene Plätze in diesem Diagramm einnehmen, d.h. daß jede von ihnen aus einem eigenen Reservoir mit einer anderen Anfangsisotopie hervorgegangen sein muß. Die Proben vom Mond liegen dagegen auf der Erd-Linie, ein Argument für den gemeinsamen Ursprung von Erde und Mond. Sehr nahe an dieser Linie, aber doch deutlich von ihr getrennt, liegen die Punkte für Eukrite, Diogenite und Howardite sowie die SNC-Meteorite. Die stärksten

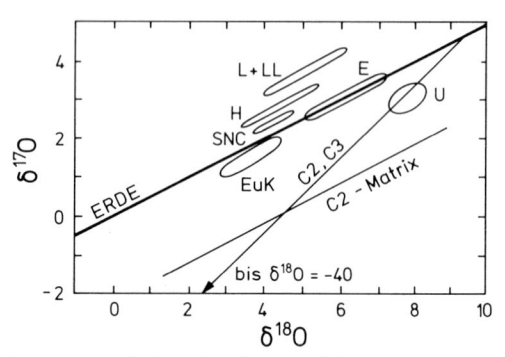

Abb. 96. Isotopenverhältnisse des Sauerstoffs in verschiedenen Meteoritenklassen und in der Erde, nach Messungen von R. N. Clayton und Mitarbeitern von der Universität Chicago. $\delta^{17}O$ und $\delta^{18}O$ sind die Abweichungen des $^{17}O/^{16}O$- bzw. $^{18}O/^{16}O$-Verhältnisses von den Werten des als Standard dienenden Meerwassers (SMOW) in ‰. Die Chondriten-Klassen sind mit ihren Kürzeln H, L, LL, E = Enstatit, C2 und C3 bezeichnet, Euk = Eukrite, Howardite und Diogenite, SNC = Shergottite, Nakhlite und Chassignite, U = Ureilite

Abweichungen zeigen sich bei den kohligen Chondriten. Ihre Hochtemperatur-Minerale (Olivin, Pyroxen, Spinell, Melilith) liegen nicht auf einer gemeinsamen Fraktionierungslinie, sondern auf einer Linie mit der Steigung 1. Dies ist wahrscheinlich eine Mischungslinie mit einer reinen ^{16}O-Komponente, die in diesen Mineralen in wechselnder Menge enthalten ist.

In den kohligen Chondriten wurden auch andere Isotopenanomalien gefunden, vor allem in den Ca, Al-reichen Einschlüssen. Sie betreffen die Elemente Si, Mg, Ti, Ca und andere. Diese Anomalien stammen wahrscheinlich ebenso wie die ^{16}O-Komponente von Materie von außerhalb unseres Sonnensystems. Der amerikanische Astrophysiker D. D. Clayton nennt sie „Sternenstaub", der von einer Supernova in das in der Entstehung begriffene Sonnensystem gelangte. In diesem Sternenstaub gab es offenbar auch Diamanten. Sie wurden als feinste Körnchen von etwa 50 Å in der Matrix des kohligen Chondriten Allende gefunden. Ihre interstellare Herkunft ergibt sich aus einer weiteren Isotopenanomalie, und zwar des Edelgases Xenon, das in ihnen eingeschlossen ist.

Organische Substanz

Die primitiven kohligen Chondrite, vor allem Typ C1 und C2, enthalten auch organische Substanzen. Das sind Verbindungen von Kohlenstoff mit Wasserstoff, Sauerstoff, Stickstoff und Schwefel (Abb. 95 zeigt, daß sie zu den häufigsten Elementen im Kosmos zählen), wie sie in lebenden Organismen gefunden werden. Man glaubte früher, sie könnten nur von solchen Organismen erzeugt werden, aber heute kann man sie auch im Labor aus den Elementen oder anorganischen Verbindungen herstellen. Deshalb sind die organischen Stoffe in den Meteoriten noch kein Beweis für die Anwesenheit von Leben auf ihrem Mutterkörper. Trotzdem muß diese Frage im einzelnen genau untersucht werden, um Anhaltspunkte für oder gegen organisches Leben zu finden.

Die organische Substanz in den kohligen Chondriten besteht zum überwiegenden Teil aus schwerlöslichen, polymeren

Tabelle 17. Kohlenstoff-Verbindungen im C2-Chondriten Murchison (Nach F. Mullie u. J. Reisse, Topics in Current Chemistry, Vol. 139, 1987)

Säureunlösliche Verbindungen (Polymere)	1,45%
Karbonate	0,1–0,2%
Kohlenwasserstoffe	30–60 ppm
Monokarbonsäure	ca. 330 ppm
Aminosäuren	10–22 ppm
Primäre Alkohole	11 ppm
Aldehyde	11 ppm
Ketone	16 ppm
Amine	11 ppm
Harnstoff	25 ppm
Purine	1,2 ppm

Stoffen (Kerogen), es wurden aber auch leichtlösliche Verbindungen, u.a. Aminosäuren gefunden (Tabelle 17). An diesen Aminosäuren entspann sich eine heftige wissenschaftliche Diskussion: stammen sie von Organismen, oder können sie auch anorganisch gebildet worden sein? Eine besondere Rolle spielte dabei die „optische Aktivität" dieser Verbindungen, denn Organismen können optisch aktive Substanzen herstellen, die die optische Achse eines polarisierten Lichtstrahls in einer Lösung verdrehen können, während die gleiche, anorganisch hergestellte Substanz dies nicht kann. (Der Grund liegt in der Molekülstruktur der optisch aktiven Verbindung. Das Molekül kann zwei spiegelbildlich gleiche Formen annehmen, die sich wie rechter und linker Handschuh voneinander unterscheiden. Bei der anorganischen Synthese entstehen immer je zur Hälfte rechte und linke Formen, während Organismen eine Form bevorzugt erzeugen können.) Bei ersten Messungen glaubte man, eine optische Aktivität bei den Aminosäuren aus kohligen Chondriten feststellen zu können, später stellte sich aber heraus, daß sie nicht optisch aktiv sind. Außerdem konnte gezeigt werden, daß die meisten organischen Verbindungen der kohligen Chondrite durch katalytische Reaktionen an wasserhaltigen Silikaten oder Magnetit (die in kohligen Chondriten vorkommen) unter den Bedingungen des solaren Nebels aus Kohlenoxid und Wasserstoff aufgebaut werden können. Sie sind also höchstwahrscheinlich nicht von lebenden Organismen erzeugt worden. Dagegen ist das Umgekehrte sehr wahrscheinlich: daß nämlich diese organischen Verbindungen die Grundlage für die Entstehung des Lebens auf der Erde (und vielleicht auch auf anderen Himmelskörpern) geliefert haben. Material wie das der kohligen Chondrite war sicherlich am Aufbau der Erde und der anderen Planeten beteiligt, so daß in einem frühen Urozean schon die ersten Bausteine des Lebens zur Verfügung standen.

III. Herkunft und Entstehung der Meteorite

Meteoritenalter

Die Materie, aus der die Meteorite aufgebaut sind, hat eine vielfältige Geschichte hinter sich. Sie ist schematisch in Abb. 97 wiedergegeben.

Am Anfang stand die Nukleosynthese, die Bildung der chemischen Elemente in Kernprozessen bei sehr hohen Temperaturen und Drücken im Inneren von Sternen. Alle Elemente

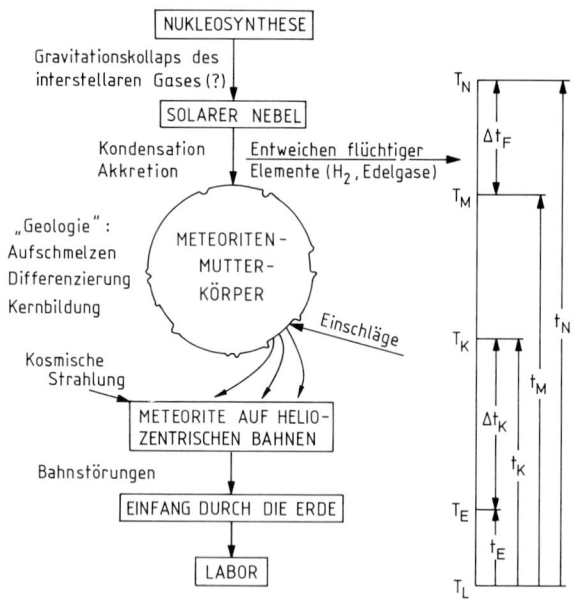

Abb. 97. Schema der Entwicklungsgeschichte der meteoritischen Materie mit Zeitskala. (Nach H. Voshage, J. Mass Spectrometry 1, 1968)

sind dabei aus dem Wasserstoff durch Anlagerung von Protonen, Neutronen und Elektronen entstanden. Diese Materie gelangte schließlich in den interstellaren Raum und durch sogenannten „Gravitationskollaps" kann sich an einer Stelle aus Gas und Staub ein dichterer Nebel gebildet haben, der „solare Nebel". Durch weitere Verdichtung und Zusammenballung entstanden in diesem Nebel die Sonne und kleine, feste Körper (Planetesimals), die sich schließlich zu größeren Körpern, den Planeten, vereinigten. Auf einem solchen Körper, dem Meteoritenmutterkörper, beginnt die eigentliche Geschichte eines Meteoriten als festes Gestein. Von diesem Mutterkörper wurde der Meteorit später, vermutlich durch einen Einschlag, abgetrennt und begann ein Leben als kleiner Körper auf einer eigenen Bahn um die Sonne. Diese Bahn hat sich schließlich so entwickelt, daß er eines Tages von der Erde eingefangen werden konnte und als Meteorit auf die Erde stürzte.

Man kann versuchen, die verschiedenen Abschnitte in der Geschichte eines Meteoriten zu datieren, also verschiedene „Alter" zu bestimmen. Wir wollen uns zunächst mit seiner Geschichte nach der Bildung des Mutterkörpers beschäftigen. Wir können folgende Alter unterscheiden:

1. Das Entstehungsalter (t_M) des Meteoriten als Gestein,
2. das Bestrahlungsalter (t_K), d.h. wie lange er als m- bis cm-großer Körper allein im Weltraum seine Bahn zog,
3. das terrestrische Alter (t_E), das ist die Zeit von seinem Fall auf die Erde bis heute.

Man kann heute diese verschiedenen Alter durch genaue Analyse der Spurenelemente und ihrer Isotopenverhältnisse in den Meteoriten bestimmen. Eine besondere Rolle kommt dabei den Edelgasen zu. Zum einen finden sich für jede Periode in der Geschichte eines Meteoriten charakteristische Edelgas-Isotope. Zum anderen nehmen Edelgase nicht an geochemischen Fraktionierungen teil, weil sie keine chemischen Verbindungen mit anderen Elementen eingehen (daher ihr Name). Zum dritten lassen sie sich aus einer Probe leicht durch Erhitzen austreiben und von anderen Elementen trennen. Diese Eigenschaft hat auch bewirkt, daß sie bei der Bildung fester Materie aus dieser

Abb. 98. Apparatur zur Bestimmung sehr kleiner Helium- und Argonmengen von Paneth. (Nach Paneth, Endeavour, 1953)

entwichen sind, so daß praktisch alle jetzt gefundenen Edelgase in der Probe neu entstanden sind. Beispiele werden weiter unten diskutiert.

Ein Pionier der Edelgas-Messungen war der Chemiker F. A. Paneth (1887 bis 1958), der schon in den Jahren 1930 bis 1950 sehr genaue Trenn- und Meßmethoden entwickelte. Mit der in Abb. 98 gezeigten Apparatur Paneths im Max-Planck-Institut für Chemie in Mainz konnten noch 10^{-7} cm^3 Helium oder Neon auf 1% genau gemessen werden. Heute werden mit Massenspektrometern noch 100mal kleinere Mengen bestimmt.

Das *Entstehungsalter* ist zunächst das wichtigste Datum in der Geschichte eines Meteoriten. Es gibt den Zeitpunkt an, zu dem das Meteoritengestein als Ganzes auskristallisiert ist (Achondrite, Eisenmeteorite) oder sich seine Bestandteile gebildet haben (Chondren, Nickeleisen, Matrix bei Chondriten). Wir können dieses Alter in gleicher Weise wie bei irdischen Gesteinen mit Hilfe des natürlichen radioaktiven Zerfalls gewisser Elemente messen. Die Uran/Helium-Methode benutzt den Zerfall von Uran und Thorium in Blei (Pb) und Helium (He). Drei

Zerfallsreihen sind hier beteiligt:

$$^{238}\text{Uran} \rightarrow {}^{206}\text{Pb} + 8 \text{ Atome }{}^{4}\text{He}$$
$$^{235}\text{Uran} \rightarrow {}^{207}\text{Pb} + 7 \text{ Atome }{}^{4}\text{He}$$
$$^{232}\text{Thorium} \rightarrow {}^{208}\text{Pb} + 6 \text{ Atome }{}^{4}\text{He}$$

Die Zerfallsgeschwindigkeit ist dabei konstant, sie wird als „Halbwertszeit" angegeben, das ist die Zeit, in der die Hälfte aller vorhandenen Atome zerfallen sind. Sie beträgt für das ^{238}Uran 4,51 Milliarden Jahre. Da alle Gesteine kleine Mengen Uran und Thorium enthalten, steigt in ihnen der Helium-Gehalt mit der Zeit langsam an. Aus den gemessenen Mengen He, Uran und Thorium läßt sich diese Zeit als Alter berechnen. Es gibt an, seit wann die Muttersubstanz Uran/Thorium und das Tochterelement Helium nicht mehr voneinander getrennt wurden; das ist im allgemeinen die Entstehungszeit eines festen Gesteins.

Man kann natürlich auch aus der Zahl der neugebildeten Bleiatome ^{206}Pb, ^{207}Pb und ^{208}Pb das Alter ermitteln. Altersbestimmungen nach dieser Methode sind aber sehr aufwendig, weil die radiogen entstandenen Bleimengen nur sehr klein sind und wegen der Gefahr der Verunreinigung mit fremdem Blei in Reinst-Labors gearbeitet werden muß. Die Helium-Methode ist einfacher, sie hat aber einen schwerwiegenden Nachteil: Helium kann durch Diffusion leicht aus der Probe verloren gehen, vor allem bei einer Wiedererhitzung oder bei Schockeinwirkung. Das gleiche gilt von der Kalium/Argon-Methode, die den Zerfall von ^{40}K in ^{40}Argon benutzt. Zuverlässigere Werte erhält man mit einer vierten Methode, die auf dem Zerfall von ^{87}Rubidium in ^{87}Strontium beruht. In der Tabelle 18 auf S. 142 sind einge so erhaltene Entstehungsalter für Meteorite verschiedenen Typs zusammengestellt.

Die Ergebnisse zeigen, daß Chondrite, Achondrite und Eisenmeteorite alle das gleiche Alter von rund 4,5 Milliarden Jahren haben (mit der wichtigen Ausnahme des Achondriten Shergotty, auf den wir später zurückkommen). Dasselbe Alter wurde mit Blei-Isotopen-Messungen auch für die Erde gefunden und gilt deshalb als das Alter des Sonnen-Systems. Dieses hohe Alter gilt aber nicht für die einzelnen Gesteine der Erd-

Tabelle 18. Rb-Sr-Alter von Meteoriten. (Aus J. T. Wasson, Meteorites – their record of early solar-system history. W. H. Freeman, New York 1985)

Krähenberg, LL-Chondrit	4,6 Milliarden Jahre
Guarena, H-Chondrit	4,46 Milliarden Jahre
Indarch, Enstatit-Chondrit	4,46 Milliarden Jahre
Allende, CV-Chondrit	4,5 Milliarden Jahre
Juvinas, Eukrit	4,50 Milliarden Jahre
Kapoeta, Howardit	4,44 Milliarden Jahre
Colomera, Eisenmeteorit IIE	4,51 Milliarden Jahre
Shergotty, Achondrit	0,36 Milliarden Jahre*

* nach E. Jagoutz u. H. Wänke, Geochim. Cosmochim. Acta 50, 1986, 939

kruste, sondern nur für die Erde als Ganzes. Die Gesteine der Erdkruste haben Entstehungsalter von gewöhnlich nur einigen Millionen Jahren, nur sehr wenige sind älter als zwei Milliarden Jahre.

Die hohen Alter der Meteorite müssen bedeuten, daß auf ihren Mutterkörpern die gesteinsbildenden Prozesse schon sehr bald nach der Bildung des Planetensystems abgeschlossen waren. Das ist nur bei relativ kleinen Körpern möglich, die schnell genug abkühlen konnten. Wir kommen darauf im Kapitel „Herkunft" zurück.

Bestrahlungsalter. Bei ihrem Flug durch den Weltraum als kleine Körper sind die Meteorite der kosmischen Strahlung ausgesetzt. Diese Strahlung besteht im wesentlichen aus energiereichen Protonen, die in den Meteoriten Kernreaktionen bewirken. Es sind sogenannte Spallationen oder Kernzersplitterungen, bei denen die Atome in neue, leichtere Kerne zersplittern. Die Ausbeute ist allerdings sehr gering, so daß selbst nach Millionen von Jahren nur winzige Mengen dieser neuen Atome nachweisbar sind. Die kosmische Strahlung dringt nur etwa einen Meter tief in feste Materie ein und wird auch von der irdischen Atmosphäre nicht durchgelassen. Für einen Meteoriten wird sie also „eingeschaltet", wenn er von seinem Mutterkörper abgetrennt wird (durch Einschlag eines anderen Körpers) und als kleines Stück allein seine Bahn um die Sonne zieht. Sie wird wieder „ausgeschaltet", wenn er auf der Erde landet.

Je länger er so der kosmischen Strahlung ausgesetzt ist, desto mehr der spallogenen Atome werden erzeugt.

Zur Bestimmung des Bestrahlungsalters werden wieder Edelgase benutzt, und zwar die Isotope ^{3}He, ^{21}Ne und ^{38}Ar. Die Produktionsraten dieser Isotope durch energiereiche Protonen sind aus Experimenten bekannt. Abb. 99 zeigt so erhaltene Bestrahlungsalter für die drei Klassen der gewöhnlichen Chondrite. Sie liegen zwischen etwa 1 und 60 Millionen Jahren. L-Chondrite zeigen eine breite Verteilung mit den meisten Werten zwischen 10 und 40 Millionen Jahren, während bei den H-Chondriten ein deutliches Maximum bei 5 Millionen Jahren zu erkennen ist. Man muß daraus schließen, daß der Mutterkörper der H-Chondrite vor 5 Millionen Jahren eine größere Kollision erlebt hat, bei der viele Meteorite erzeugt wurden. Bei dem L-Körper waren es offenbar eine mehr kontinuierliche Reihe von Einschlägen.

Bei Eisenmeteoriten sind neben den Edelgasen auch andere Elemente zur Messung des Bestrahlungsalters benutzt worden, z. B. die beiden Kalium-Isotope ^{41}K (stabil) und ^{40}K (radioak-

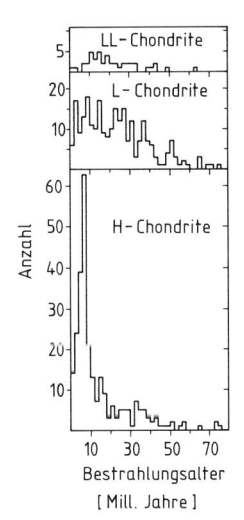

Abb. 99. Verteilung der Bestrahlungsalter für LL-, L- und H-Chondrite. (Nach L. Schultz, 1987)

tiv). Die Gehalte an natürlichem Kalium sind in den Eisen so gering, daß die Effekte der kosmischen Strahlung nachweisbar werden. Abb. 100 zeigt die Verteilung der Bestrahlungsalter, die mit der Kalium-Methode an Eisenmeteoriten gemessen wurden. Sie sind rund 10mal so hoch wie die der Steinmeteorite, nämlich 100 Millionen bis mehr als 1 Milliarde Jahre.

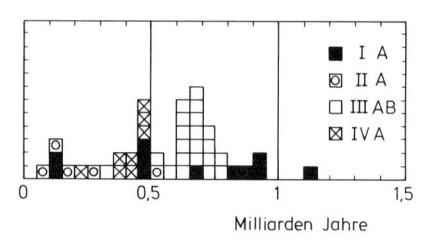

Abb. 100. Verteilung der Bestrahlungsalter für Eisenmeteorite verschiedener chemischer Gruppen. (Nach Voshage, Feldmann, Braun, Z. Naturforsch. 38a, 1983)

Einige Klassen zeigen wieder Häufungen bei bestimmten Altern, so die mittleren Oktaedrite (chemische Gruppe III AB) bei 650 Millionen Jahren, die feinen Oktaedrite (chemische Gruppe IV A) bei 400 Millionen Jahren. Diese Gruppierungen zeigen, daß alle Meteorite dieses Typs vom gleichen Mutterkörper stammen und bei dem gleichen Ereignis von ihm weggeschleudert wurden. Der große Unterschied zwischen den Bestrahlungsaltern der Steine und der Eisen hängt wohl damit zusammen, daß Steine durch Erosion und Zusammenstöße im Weltraum schneller zerstört werden als die härteren Eisen.

Man kann aus den verschieden lange lebenden radioaktiven Isotopen, die die kosmische Strahlung in den Meteoriten erzeugt, auch Aussagen über die zeitliche Konstanz dieser Strahlung gewinnen. Ein langlebiges Isotop wie das ^{40}K, HWZ (= Halbwertszeit) 1,3 Milliarden Jahre, integriert die Wirkung der kosmischen Strahlung über eine wesentlich längere Zeit als z. B. das ^{36}Cl, HWZ 300 000 Jahre, oder das ^{39}Ar, HWZ 270 Jahre. Aus solchen Vergleichen hat sich ergeben, daß die Intensität der kosmischen Strahlung über die letzten 1 bis 2 Milliarden Jahre im Sonnensystem konstant war, daß sie aber während der letzten etwa 10 Millionen Jahre rund 50% höher lag als vorher.

Terrestrische Alter. Mit den durch die kosmische Strahlung erzeugten Isotopen bietet sich auch die Möglichkeit, das terrestrische Alter von Meteoriten zu bestimmen, d. h. wie lange ein Meteorit schon auf der Erde liegt. Durch die Spallationen werden auch radioaktive Isotope erzeugt. Beim Fall des Meteoriten auf die Erde haben sie gewöhnlich einen „Sättigungsgehalt" erreicht, es zerfallen gleichviel Atome wie erzeugt werden. Nach dem Fall des Meteoriten und dem „Ausschalten" der kosmischen Strahlung zerfallen sie mit ihrer charakteristischen Halbwertszeit (HWZ). Brauchbare Isotope sind z. B. ^{39}Ar (HWZ 270 Jahre), ^{14}C (HWZ 5700 Jahre) und ^{36}Cl (HWZ 300 000 Jahre). Wenn man also den Sättigungswert eines solchen Isotops von frisch gefallenen Meteoriten kennt und den Gehalt in einem gefundenen vom gleichen Typ damit vergleicht, kann man die seit dem Fall vergangene Zeit ausrechnen. Tabelle 19 zeigt einige irdische Alter von Stein- und Eisenmeteoriten. Der älteste bisher datierte Eisenmeteorit ist der 1903 gefundene Tamarugal, der 1,5 Millionen Jahre in dem extrem trockenen Klima der Atacama-Wüste in Chile gelegen hat. Durch Messung des kurzlebigen ^{39}Ar konnte nachgewiesen werden, daß der 1951 gefundene Chondrit von Benthullen

Tabelle 19. Terrestrische Alter von Meteoriten

Meteorit		Isotop	Alter in Jahren
Eisen:	Keen Mountain	^{39}Ar	1 300
	Clark County	^{36}Cl	600 000
	Tamarugal	^{36}Cl	> 1,5 Mill.
Chondrite:	Plainview (1917)	^{14}C	< 2 000
	Dimmitt	^{14}C	etwa 2 000
	Long Island	^{14}C	etwa 3 000
	Woodward County	^{14}C	14 000
	Potter	^{14}C	> 20 000

Eisen nach: Vilcsek u. Wänke, Radioactive Dating, IAEA Wien, 1963
Steine nach: Suess u. Wänke, Geochim. Cosmochim. Acta 26, 1962

in Oldenburg erst weniger als 200 Jahre auf der Erde liegt, also nicht mit dem aus dem Jahre 1368 berichteten Meteoritenfall von Oldenburg identisch sein kann. Im allgemeinen ist die Bestimmung der irdischen Alter aber nicht genau genug möglich, um bestimmte Meteoritenfunde mit historischen Berichten über Feuerbälle zu identifizieren.

Die Herkunft der Meteorite

Welche Schlüsse läßt nun all das gesammelte und gesichtete Material über die Meteorite hinsichtlich ihrer Entstehung und Herkunft zu? Dies ist die letzte und wichtigste Frage, die wir uns vorlegen wollen.

Wie wir in dem historischen Überblick gesehen haben, scheidet schon seit Chladni die Meinung aus, daß es sich um irdische Körper handele, etwa um Auswürflinge von Vulkanen. Nach unseren modernen Anschauungen über Art und Struktur der an der Erdoberfläche möglichen Gesteine kommt eine irdische Entstehung für die Meteorite nicht in Frage. Nur für gewisse Typen der Achondrite wäre sie vielleicht möglich, doch diese reihen sich so eng und zwanglos an die übrigen Meteorite an, daß eine Sonderentstehung für sie nicht anzunehmen ist. Die *Meteorite sind also zweifellos als außerirdische Körper zu betrachten.*

Viel schwieriger ist die Frage zu entscheiden, ob sie unserem *Sonnensystem* angehören oder ob sie aus dem *interstellaren Raum* zu uns kommen, eine Frage, die für unsere Anschauung über die stoffliche Einheit des Weltalls von großer Bedeutung ist.

Zunächst einmal: Welche Beziehungen bestehen zu den Sternschnuppen und den Feuerkugeln, Himmelskörpern, von denen wir nur Lichtsignale erhalten und die nicht bis auf die Erdoberfläche gelangen? Alle Beobachtungen deuten darauf hin, daß Sternschnuppen, Feuerkugeln und Meteorite nicht wesensgemäß verschieden sind. Wohl zeigte das Kapitel über die Statistik der Meteoritenfälle (S. 63), daß keine Beziehungen bestimmter Meteorite zu den sogenannten Sternschnuppenschwärmen nachzuweisen sind. Aber es gibt genug sporadische Sternschnuppen, die der Intensität der Lichterscheinungen nach ganz allmählich in die Feuerkugeln übergehen. Diese wiederum zeigen alle Übergänge zu den niederfallenden Meteoriten. Zwischen den drei Erscheinungsformen scheint im wesentlichen nur ein Unterschied in der Masse zu bestehen: Nur von einer bestimmten Masse an können fremde außerirdische Körper die harte Prozedur überstehen, die sie beim Eindringen in die Atmosphäre erdulden müssen. Ist die Masse zu gering, so verglühen sie zu Dampf und Rauch.

Die *Bahnbestimmungen*, die die Astronomen für Sternschnuppen, Feuerkugeln und Meteorite vornahmen, beruhten früher nur auf den Angaben von Augenzeugen, sie waren deshalb recht ungenau. Durch die fotografische Registrierung der drei Feuerbälle von Příbram, Lost City und Innisfree konnten jetzt die Bahnen dieser Meteorite wesentlich besser rekonstruiert werden. Wie Abb. 101 zeigt, entspringen alle drei im Asteroidengürtel.

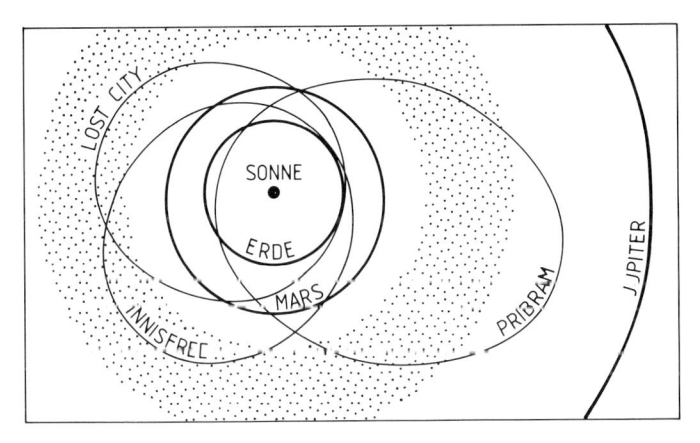

Abb. 101. Bahnen der drei Meteorite Příbram, Lost City und Innisfree, die aus den fotografierten Meteorbahnen berechnet wurden. Alle drei entspringen im Asteroidengürtel (punktiert)

Asteroide

Asteroide sind Kleinplaneten mit Durchmessern von einigen km bis einigen hundert km, die einen breiten Gürtel zwischen Mars und Jupiter bevölkern. Der erste und größte, Ceres (Durchmesser 1000 km), wurde 1801 entdeckt. Einige Jahre vorher war den Astronomen aufgefallen, daß zwischen Mars und Jupiter eigentlich ein Planet fehlt. Der neu entdeckte Ceres wurde zunächst als dieser fehlende Planet angesehen, aber dann wurden in den folgenden sechs Jahren noch drei weitere kleine Planeten entdeckt: Pallas, Juno und Vesta, mit Durchmessern von 250 bis 600 km. Es entstand deshalb die Vorstellung, daß diese Körper die Trümmer eines früheren, größeren Planeten seien. Ab 1845 wurden dann immer mehr Asteroide gefunden, bis 1900 waren es 452, und heute kennt man mehr als 2000. Darunter sind Körper von nur etwa 2 km Durchmesser, wie der 1949 entdeckte Icarus.

Nach dem Spektrum des von einem Asteroiden zurückgeworfenen Sonnenlichtes kann man verschiedene Typen unterscheiden. Dieses Spektrum gibt Auskunft über die Zusammensetzung der Oberfläche des Asteroiden. So bestehen S-Typen wahrscheinlich aus Silikaten und Nickeleisen, sie könnten die Mutterkörper von Stein-Eisen-Meteoriten und auch von Chondriten sein. C-Typen sind sehr dunkel und könnten kohlige Chondrite geliefert haben. Man kann etwa zehn verschiedene Spektren-Typen unterscheiden, die wahrscheinlich alle voneinander verschiedene Zusammensetzungen haben. Man ist deshalb von der Vorstellung eines einzigen, zertrümmerten Planeten abgekommen und nimmt an, daß die Asteroide unabhängig voneinander entstandene Körper sind. Es könnten darunter auch ausgegaste Kometenkerne sein, die also keinen sichtbaren Schweif mehr bilden können. Man weiß, daß Kometen reich an leichtflüchtigen Elementen und an Wasser sind. Es gibt daher Spekulationen, daß die ebenfalls wasserhaltigen kohligen Chondrite vom Typ C1 und C2 vielleicht von solchen Kometenkernen stammen.

Durch die Schwerkraftwirkung der Planeten, vor allem des Jupiter, können die Bahnen der Asteroide gestört werden, so daß aus Ringasteroiden Marsbahn und sogar Erdbahn kreuzende Asteroide werden. Kollisionen zwischen und Einschläge auf Asteroiden liefern abgesprengte Stücke, die auf die gleiche Weise in die Erdbahn kreuzende Umlaufbahnen gelangen können. Tatsächlich kennt man eine ganze Reihe von Asteroiden, deren Perihelion, also der sonnennächste Punkt ihrer Bahn, bereits innerhalb der Erdbahn liegt. Etwa 30 solcher Apollo-Asteroide sind bekannt (Durchmesser zwischen 0,2 und 8 km), ihre wirkliche Zahl wird auf 750 bis 1000 geschätzt. Obwohl ihre Bahnen vom Asteroidengürtel bis in die Erdbhan hinein reichen, kreuzen sie die Erdbahn selbst nur dann, wenn ihre Bahn in der gleichen Ebene wie die der Erde liegt. Das ist im allgemeinen nicht der Fall. Ihre stark exzentrischen Bahnen ändern sich aber stetig unter dem Einfluß des Jupiter, und man kann berechnen, daß eine typische Apollo-Bahn alle 5000 Jahre in eine Lage kommt, wo sie die Erdbahn schneidet. Zu einem Zusammenstoß kommt es natürlich nur dann, wenn beide Körper dann zufällig am Kreuzungspunkt der Bahnen stehen. Nach der Wahrscheinlichkeitsrechnung ist damit nur alle 200 Millionen Jahre einmal zu rechnen. Bei 750 Apollo-Asteroiden wären das etwa 4 Kollisionen in 1 Million Jahren. Wesentlich mehr Kollisionen sind aber mit kleinen Apollo-Trümmern möglich, die durch Zusammenstöße der Apollo-Asteroiden mit anderen Asteroiden entstehen. Diese Trümmer werden weiter der Bahn ihres Ursprungskörpers folgen, sich aber allmählich entlang dieser Bahn verteilen. Man nimmt deshalb an, daß ein großer Teil der auf die Erde fallenden Meteorite von Apollo-Asteroiden stammt.

Man muß annehmen, daß jede Meteoritenklasse von einem eigenen Mutterkörper stammt. Nur für einige Typen ergeben sich Zusammenhänge, die einen gemeinsamen Ursprung vom gleichen Körper sehr wahrscheinlich machen. So stammen Eukrite, Howardite und Diogenite wohl vom gleichen Asteroiden, vielleicht ist es die Vesta. Möglicherweise kommen auch die Mesosiderite von diesem Körper. Eine andere Verbindung ergibt sich für die SNC-Meteorite, die alle in einem großen Körper entstanden sein müssen; vielleicht ist es der Mars (s. u.). Beziehungen bestehen außerdem zwischen den kohligen Chondriten und den Ureiliten einerseits und zwischen den Pallasiten und den Eisenmeteoriten der chemischen Gruppen II A und II B andererseits. Man kommt so für die Steinmeteorite auf 12 Mutterkörper, dazu kommen 8 chemische Eisenmeteoriten-Klassen mit wahrscheinlich je einem Mutterkörper. Außerdem muß man annehmen, daß die rund 50 „anomalen" Eisenmeteorite, die zu keiner Gruppe gehören, je von einem eigenen Mutterkörper stammen. Wir kommen so auf mindestens 20, wahrscheinlich aber 70 verschiedene Körper unseres Sonnensystems, von denen wir durch die Meteorite Proben auf der Erde haben.

Meteorite kommen von kleinen Körpern

Asteroide sind mit ihren wenige hundert km Durchmessern kleine Körper im Vergleich zu der Erde (Durchmesser 12750 km) und zum Mond (Durchmesser 3476 km). Es gibt noch andere Hinweise darauf, daß die meisten Meteorite von solchen kleinen Körpern stammen müssen. Einmal fehlen ihnen Hochdruckminerale, wie wir sie aus tieferen Schichten der Erdkruste kennen. Die Diamanten, die in der Erde bei hohen Drücken gebildet wurden, sind in den Meteoriten durch Schockwellen aus Graphit entstanden. Zum anderen sind die Abkühlungs-Geschwindigkeiten, die für Eisenmeteorite und Chondrite berechnet wurden (1 bis 100°/Mill. Jahre), nur bei kleinen Körpern von Asteroidengröße möglich. Dasselbe gilt für die hohen Alter der Meteorite, die ja auch eine Abkühlung auf Temperaturen datieren, wo ein Entweichen von Helium oder ein Isotopenausgleich zwischen den Mineralen durch Diffusion nicht mehr möglich ist. Größere Körper dagegen, wie die Planeten, konnten sich seit ihrer Entstehung noch nicht vollständig abkühlen und sind deshalb heute noch magmatisch aktive Planeten. Die Vulkane der Erde sind ein Beweis dafür.

Meteorite vom Mars und vom Mond

Es gibt nun eine Gruppe von Meteoriten, die SNC-Meteorite (s. S. 109), die jünger als 1,5 Milliarden Jahre sind, also deutlich jünger als die Chondrite und die meisten Achondrite. Am besten untersucht ist Shergotty (siehe Abb. 78), für den ein Entstehungsalter von nur 360 Millionen Jahren gemessen wurde (s. Tabelle 20). Sie müssen deshalb von einem größeren Körper stammen, der noch längere Zeit magmatisch aktiv war. Dafür käme der Mars in Frage. Neuerdings konnte durch Edelgas-Messungen auch eine direkte Verbindung zum Mars hergestellt werden: Glasadern in einem in der Antarktis gefundenen Shergottiten enthalten Edelgase und Stickstoff in den Mengen- und Isotopen-Verhältnissen wie sie durch Marssonden in der Marsatmosphäre gemessen wurden. Auch die von der Sonde zur Erde gefunkte chemische Analyse des Marsbodens ähnelt sehr der Analyse von Shergotty. Die genaue Untersuchung der Shergottite und der anderen SNC-Meteorite kann deshalb wichtige Anhaltspunkte für die Zusammensetzung und den Aufbau des Planeten Mars liefern.

Um vom Mars weggeschleudert zu werden, muß ein Gesteinsstück durch einen Einschlag mindestens auf die Entweichgeschwindigkeit von 5 km/s beschleunigt werden. Dabei treten natürlich starke Schockkräfte auf und man glaubte deshalb, daß Gesteine dabei aufgeschmolzen oder zerrieben werden müßten. Die Shergottite zeigen starke Schockeffekte (Feldspat ist in Glas umgewandelt), sie sind aber nicht ganz geschmolzen worden. Für Meteorite vom Mond würde Ähnliches gelten, die Entweichgeschwindigkeit ist hier allerdings nur halb so groß (2,4 km/s). Meteorite vom Mond wurden jetzt aber tatsächlich in der Antarktis gefunden. Der 1982 gefundene, 31,4 g schwere Steine ALHA 81005 ähnelt im Aussehen einem brecciösen Achondriten (Abb. 102), er ist aber nach seiner chemischen Zusammensetzung und Mineralogie eindeutig eine Probe aus dem lunaren Hochland. Später wurden noch zwei weitere Mond-Meteorite dort gefunden. Wir haben also Mond-Meteorite auf der Erde, und damit wird es sehr wahrscheinlich, daß auch Stücke vom Mars auf die Erde gelangen können.

Wir haben gesehen, daß die meisten Meteorite von den Asteroiden stammen (und einige auch von Mars und Mond). Sie kommen also aus unserem Sonnensystem. Dafür spricht

Abb. 102. Der in der Antarktis gefundene Meteorit ALHA 81005, Gewicht 31,4 g, der eindeutig vom Mond stammt. Der Würfel hat 1 cm Kantenlänge. (Aufnahme NASA)

auch ihr Alter von 4,5 Milliarden Jahren, das gleich dem Alter der Erde ist. Ein weiteres Argument ist die Gleichheit der Isotopenverhältnisse in Meteoriten, Erde und Mond. Die interstellaren Körner mit abweichenden Isotopenverhältnissen in kohligen Chondriten sind nur winzige Beimengungen. Isotopen-Anomalien an Hauptelementen, wie am Sauerstoff, lassen sich durch Inhomogenitäten des solaren Nebels erklären.

Die Entstehung der Meteorite

Wir haben bereits gesehen, daß nach der Nukleosynthese der Elemente ein solarer Nebel entstanden ist, aus dem das Planetensystem hervorging. Zwischen dem Ende der Nukleosynthese und der Bildung fester Körper liegt die „Formationszeitspanne" Δt_F (Abb. 97). Man kann diesen Zeitraum ebenfalls durch radioaktive Isotope messen, nämlich durch das Jod-Xenon-System.

Jod-Xenon-Alter

Kurzlebige radioaktive Elemente werden bei der Nukleosynthese gebildet, zerfallen danach schnell und sind heute ausgestorben. Wenn sie aber noch zu Lebzeiten in feste Materie eingebaut wurden, dann müßten dort noch ihre Tochterprodukte nachweisbar sein. Das ist im Fall des radioaktiven Jod gelungen, des ^{129}J, das mit einer HWZ von 16 Millionen Jahren in das stabile ^{129}Xenon zerfällt. Das ^{129}J wird zusammen mit normalem Jod in bestimmte Minerale eingebaut, und wenn es zu ^{129}Xe zerfallen ist, befinden sich normales Jod und ^{129}Xe in den gleichen Mineralen. Man kann dies durch stufenweises Erhitzen einer jodhaltigen Probe und Analyse des ausgetriebenen Jods und Xenons nachweisen, Jod und ^{129}Xe sind miteinander korreliert. Um nun aus dem gefundenen ^{129}Xe die Zeit auszurechnen, die zwischen Nukleosynthese und dem Beginn der Xenon-Retention vergangen ist, muß man das Anfangsverhältnis von normalem ^{128}J zum kurzlebigen ^{129}J kennen. Man kann dieses Verhältnis aber nur aus Modellrechnungen der Nukleosynthese abschätzen, die Zeit also nur näherungsweise ausrechnen. Man erhält so z. B. für den Chondriten Bjurböle die relativ kurze Zeit von 60 bis 200 Millionen Jahren. Genauer kann man aber die relativen Unterschiede im Jod-Xenon-Alter verschiedener Meteorite erhalten. Aus solchen Messungen geht hervor, daß sich Chondrite verschiedener Typen innerhalb von nur 25 Millionen Jahren gebildet haben.

Kondensation und Ca, Al-reiche Einschlüsse

Die Temperatur im solaren Nebel war hoch genug, daß alle feste Materie verdampft ist, bis auf die wenigen, jetzt noch in Chondriten vorhandenen interstellaren Körner. Die Bildung fester Stoffe erfolgte bei langsamer Abkühlung durch Kondensation. Die Reihenfolge der Kondensation folgt dabei den Siedepunkten der Elemente und ihrer Verbindungen. In Ta-

Tabelle 20. Kondensationstemperaturen im solaren Nebel. (Nach L. Grossman, Geochim. Cosmochim. Acta 36, 1972)

Mineral	Zusammensetzung	Temperatur (in °C)
Korund	Al_2O_3	1485
Perowskit	$CaTiO_3$	1374
Melilith	$Ca_2Al_2SiO_7-Ca_2MgSi_2O_7$	1350
Spinell	$MgAl_2O_4$	1513
Metall	Nickeleisen	1200
Diopsid	$CaMgSi_2O_6$	1180
Forsterit	Mg_2SiO_4	1170
Enstatit	$MgSiO_3$	1080
Troilit	FeS	430
Magnetit	Fe_3O_4	130

belle 20 sind die chemischen Verbindungen in der Reihenfolge aufgeführt, in der sie aus einem Gas mit solarer Zusammensetzung kondensieren würden. Dabei wurde ein Druck von 10^{-3} Atmosphären zugrundegelegt, bei niedrigeren Drücken werden auch die Kondensationstemperaturen niedriger.

Die ersten Kondensate sind also Calcium- und Aluminiumreiche Oxide und Silikate. Bei der Beschreibung der kohligen Chondrite haben wir bereits gesehen, daß Perowskit, Melilith und Spinell in den Ca,Al-reichen Einschlüssen vorkommen. Daher die Vermutung, daß diese Einschlüsse die ersten Kondensate des solaren Nebels sind. Die Anreicherung der refraktären (d.h. hochschmelzenden und -siedenden) Elemente erstreckt sich auch auf Spurenelemente wie die Seltenen Erden und siderophile Elemente. Abb. 103 zeigt eine gleichmäßige

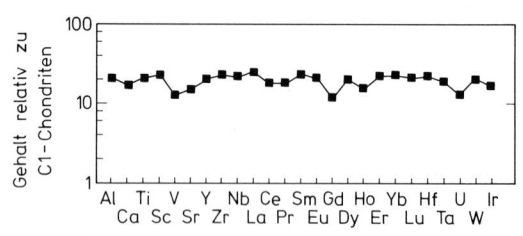

Abb. 103. Anreicherung vieler refraktärer Elemente um den Faktor 20 in einem Ca,Al-reichen Einschluß aus Allende. (Nach Wänke, Baddenhausen, Palme, Spettel, Earth Planetary Science Letters 23, 1974)

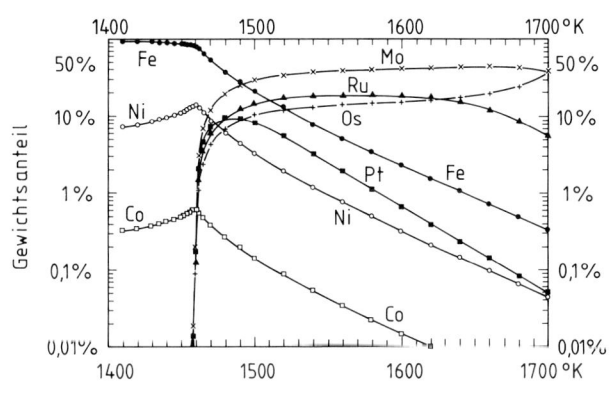

Abb. 104. Kondensationskurven der refraktären Metalle im Solaren Nebel. Es bilden sich Legierungen, deren Zusammensetzung auf der seitlichen Skala angegeben ist (W, Ir und Re sind hier weggelassen). Mit fallender Temperatur werden sie immer reicher an Fe, Ni und Co, bis sie unterhalb von 1460 K praktisch nur noch aus diesen Elementen bestehen. (Nach Palme und Wlotzka, Earth Planetary Science Letters 33, 1976)

Anreicherung verschiedener refraktärer Elemente um den Faktor 20 in einem Einschluß aus Allende.

Refraktäre Metalle wie Iridium, Osmium und Platin bilden bei der Kondensation kleine Metallkörner, die in die Silikate eingelagert werden. Ein solches komplexes Metallkorn ist in Abb. 93 auf S. 128 abgebildet. Abb. 104 zeigt Kondensationskurven für die Edelmetalle. Osmium, Wolfram und Rhenium kondensieren zuerst und bilden eine Legierung, die bei weiter sinkenden Temperaturen Molybdän, Iridium, Ruthen und Platin aufnimmt. Erst später kommen auch die viel häufigeren Elemente Nickel und Eisen dazu.

Nach den Ca,Al-reichen Phasen müßten nach Tabelle 20 Magnesium Silikate wie Forsterit und Enstatit kondensieren. Sie kommen in den Chondriten in den Chondren vor. Sind sie auch Kondensate aus dem solaren Nebel?

Entstehung der Chondren

Trotz vielfältiger Untersuchungen konnte die Entstehung der Chondren noch nicht zufriedenstellend geklärt werden. Es sind schnell erstarrte Schmelztröpfchen. Aber wo und wie sind sie entstanden? Es gibt im wesentlichen zwei Anschauungen. Die erste sieht Chondren als primäre Produkte an, die im solaren Nebel entweder direkt als Kondensate oder durch Aufschmelzen von kondensiertem Staub entstanden sind. Die andere verlegt die Bildung der Chondren auf einen Mutterkörper, wo sekundär durch Einschläge aus Staub oder gröberkörnigen Gesteinen Chondren gebildet werden. Beide Theorien können nicht alle Eigenschaften der Chondrite erklären.

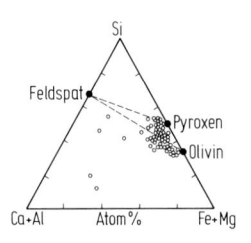

Abb. 105. Dreikomponenten-Darstellung der Zusammensetzung von Chondren aus dem H3-Chondriten Tieschitz. (Nach Wlotzka, in: Chondrules and their origins, Lunar and Planetary Institute, Houston 1983)

Abb. 105 zeigt die Zusammensetzung von Chondren in einem nichtequilibrierten Chondriten. Sie ist variabel, liegt aber hauptsächlich zwischen Olivin und Pyroxen, mit einer Tendenz in Richtung Feldspat. Sie enthalten auch Eisenoxid. Bei einer direkten Kondensation aus dem solaren Nebel ist das aber nicht möglich. Weil zu wenig Sauerstoff da ist, kondensiert Eisen als Metall, siehe Tabelle 20. Die Chondren enthalten auch leichtflüchtige Elemente wie Natrium, Gold, Arsen und Germanium, die nicht zusammen mit den Magnesium-Silikaten kondensieren sollten. Man kann diese Schwierigkeiten mit der Annahme umgehen, daß der Sauerstoffgehalt des solaren Nebels durch besondere Prozesse erhöht war und daß die leichtflüchtigen Element erst später (auf dem Mutterkörper?) in die Chondren gelangt sind. Eine primäre Bildung der Chondren würde natürlich gut zu dem primitiven, undifferenzierten Charakter der Chondrite passen.

Eine sekundäre Entstehung der Chondren auf der Oberfläche eines Mutterkörpers aus Gesteinen, die aus Olivin, Pyroxen und etwas Feldspat bestehen, würde die in Abb. 105 gezeigten Zusammensetzungen zwanglos erklären. Außerdem sind Chondren aus dem Mondregolith und irdischen Einschlagskratern bekannt, allerdings nur in kleinen Mengenanteilen. Das Ausgangsgestein müßte dann chemisch ein Chondrit, aber ohne Chondren sein. Solch ein Gestein ist aber als Meteorit noch nie gefunden worden. Es sei denn, es sind die chondrenfreien, noch primitiveren C1-Chondrite?

Matrix

Schließlich sollten bei Temperaturen unterhalb 500 °C Sulfide, Magnetit, wasserhaltige Silikate und organische Verbindungen als feiner Staub kondensieren, dazu besonders leichtflüchtige Elemente wie Indium, Wismuth und Thallium. So könnte die Matrix der kohligen Chondrite entstanden sein, die alle diese Verbindungen enthält. Auch die gewöhnlichen Chondrite haben einen kleinen Anteil dieser Matrix. Wir hätten dann in den Chondriten zwei Komponenten, eine Hochtemperatur-Komponente, die im wesentlichen aus Chondren besteht (dazu die kleinen Anteile Ca, Al-reiche Einschlüsse), und eine Tieftemperatur-Komponente, die Matrix mit den leichtflüchtigen Elementen. Die Verarmung der gewöhnlichen Chondrite an leichtflüchtigen Elementen, Wasser und Kohlenstoff würde dann auf einem geringeren Anteil an dieser Matrix beruhen. Es ist aber auch denkbar, daß diese Chondrite ursprünglich gleichviel leichtflüchtige Elemente enthielten, sie aber durch eine spätere Erhitzung verloren haben.

Planetesimals

Aus den kondensierten Stoffen, feinkörnigem Staub und möglicherweise auch Chondren, haben sich durch Agglomeration (Zusammenballung) zunächst kleine Körper gebildet, sogenannte Planetesimals, mit Durchmessern von einigen zehn Kilometern. Es ist wahrscheinlich, daß mit zunehmendem Abstand von der Sonne der Oxidationsgrad der kondensierten Materie zunahm. Gewöhliche Chondrite hätten sich dann im inneren Sonnensystem gebildet, die stärker oxidierten kohligen Chondrite weiter außen, wo auch die Temperaturen tiefer lagen.

Einige dieser kleinen Körper blieben undifferenziert, weil sie nicht heiß genug wurden, um zu schmelzen. Sie wurden die Mutterkörper der Chondrite. Die Temperaturen, die diese Chondrite erlebt haben, können mit geologischen Thermometern gemessen werden. Ein solches ist in Abb. 106 gezeigt. Es benutzt die Verteilung von Eisen und Magnesium zwischen Olivin und Chromspinell, die temperaturabhängig ist. Es ergibt für die etwas equilibrierten Chondrite vom Typ 3 bis 4 600 bis 700 °C, für die equilibrierten Typen 5 bis 6 800 °C. Die kohligen Chondrite wurden aber weit weniger heiß. Aus ihrem Gehalt an leichtflüchtigen Elementen, an wasserhaltigen Silikaten und leicht zersetzbaren organischen Verbindungen läßt sich abschätzen, daß sie nach ihrer Agglomeration nie über etwa 500 °C erhitzt worden sind. Diesem Glücksfall verdanken wir es, daß wir in ihnen weitgehend unveränderte Materie aus der Frühzeit des Sonnensystems studieren können.

Andere Körper wurden soweit erhitzt, daß sich Schmelzflüsse bildeten. Eine Metall- und Sulfidschmelze konnte durch

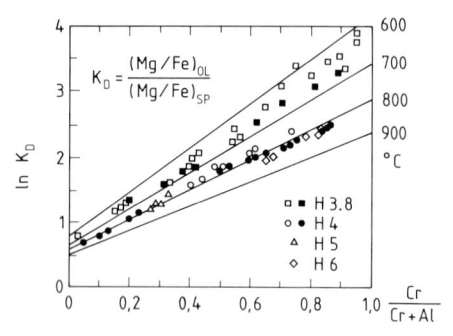

Abb. 106. Die Verteilung von Magnesium und Eisen zwischen Olivin (OL) und Chromspinell (SP) ist hier gegen das $Cr/Cr+Al$-Verhältnis im Chromspinell für verschiedene Chondritentypen aufgetragen. Sie dient als geologisches Thermometer für die Gleichgewichtstemperatur in diesen Chondriten. (Nach Wlotzka, Meteoritics 22, 1987)

ihre größere Schwere zu Klumpen zusammenlaufen oder sogar einen Nickeleisen-Kern bilden. Silikatschmelzen bauten einen Mantel aus magmatischen Gesteinen auf, die sich durch Absinken von schweren Kristallen oder durch nur teilweises Schmelzen differenzieren konnten. Aus solchen Körpern können Eisenmeteorite, Stein-Eisen und Achondrite stammen.

Die Wärmequelle für die Erwärmung haben wahrscheinlich kurzlebige, radioaktive Elemente geliefert, z. B. das Isotop ^{26}Al, das mit einer HWZ von 720 000 Jahren in ^{26}Mg zerfällt. Das Tochterisotop konnte durch eine weitere Isotopenanomalie in den Ca, Al-reichen Einschlüssen von Allende nachgewiesen werden, nämlich einer Erhöhung des ^{26}Mg/^{24}Mg Verhältnisses, die mit dem Aluminium-Gehalt korreliert ist. Daß die Mutterkörper der Chondrite nicht aufgeschmolzen wurden, liegt vielleicht daran, daß sie erst später gebildet wurden, als schon ein großer Teil des ^{26}Al zerfallen war.

Regolith, Uredelgase und Sonnenwind

Auf den Oberflächen der kleinen Vorläufer der Planeten haben sich viele Prozesse abgespielt, deren Spuren in den Chondriten noch sichtbar sind. Durch Einschläge bildete sich eine lose Schicht aus Gesteinsfragmenten und Staub, die oft umgewälzt und gut durchmischt wurde, man nennt sie Regolith. Ein solcher Regolith bedeckt auch die Oberfläche des Mondes. Durch Zusammenbacken von Staub und Trümmern sind die meteoritischen Breccien gebildet worden. Oft findet man in Chondriten eine sogenannte Hell-Dunkel-Struktur: helle Fragmente sind in einer dunkleren Matrix eingeschlossen (Abb. 107).

Ein besonderes Phänomen in manchen Meteoriten zeigt, daß ihre Bestandteile einmal in einem Regolith direkt an der Oberfläche eines atmosphärelosen Körpers gelegen haben müssen. Das sind die sogenannten *Uredelgase*. Einer der ersten Meteorite, in dem sie genauer studiert werden konnten, war der 1956 im Dillkreis gefallene Chondrit Breitscheid. Bei Messungen am Max-Planck-Institut für Chemie in Mainz war zunächst

Abb. 107. Bruchfläche des Chondriten Breitscheid mit Hell-Dunkel-Struktur. Natürliche Größe. (Aus H. Hentschel, Geochim. Cosmochim. Acta 17, 1959)

aufgefallen, daß er größere Mengen Edelgase enthielt als sonst üblich, daß die Mengen aber von Probe zu Probe stark schwankten. Es stellte sich dann heraus, daß die überschüssigen Edelgase nur in den dunklen Partien des brecciösen Meteoriten (Abb. 107) enthalten sind. Die Menge Helium war hier rund 30mal und die Menge Neon 9mal größer als normal und als sie durch den Zerfall von Uran und Thorium und durch die Höhenstrahlung zu erklären war. Man hatte diese Edelgase deshalb schon früher „Uredelgase" genannt, weil man sie sich nur als von Urzeiten her, also schon im solaren Nebel, in den Meteoriten vorhanden vorstellen konnte. Durch ein neuentwickeltes chemisches Lösungsverfahren konnten die einzelnen Minerale des Meteoriten getrennt untersucht und die Verteilung der Edelgase studiert werden. Es stellte sich heraus, daß alle Minerale die Gase enthalten, daß sie aber nur in einer dünnen Oberflächenschicht von etwa 0,0001 mm Dicke sitzen. Aus diesen Befunden entstand 1965 die Theorie von H. Wänke, Mainz, daß die Uredelgase aus dem „Sonnenwind" stammen, der auf der Oberfläche eines atmosphärelosen Körpers in die Minerale des Meteoriten hineingeschossen wurde. Der Astrophysiker L. Biermann hatte den Sonnenwind einige Jahre zuvor theoretisch gefordert, um die Ablenkung der Kometen-

Tabelle 21. Element- und Isotopenhäufigkeiten des Sonnenwindes

	He/Ne	^{4}He/^{3}He	^{20}Ne/^{22}Ne
Mainz	750	2200	14,0
Bern	540	2350	13,7

Mainz: Metallphase aus dem Chondriten Pantar; Hintenberger, Vilcsek, Wänke, 1965
Bern: Folienexperiment am Mond; Geiss, Bühler, Cerutti, Eberhardt u. Filleux, 1972

schweife beim Vorbeiflug an der Sonne zu erklaren. Es ist eine Korpuskularstrahlung, die mit einer Energie von rund 10 MeV von der Sonne abgestrahlt wird und alle Elemente in der solaren Häufigkeit enthält, also hauptsächlich Wasserstoff und Helium. Diese Theorie der Uredelgase wurde später durch die Mondflüge bestätigt, denn dieselben Uredelgase wurden auch in den Körnern des Mondstaubes gefunden. In Tabelle 21 sind die Häufigkeiten der Uredelgase aus den Messungen an Meteoriten mit den Sonnenwind-Edelgasen verglichen, die Schweizer Forscher direkt auf dem Mond mit einer großen Folie, dem „Schweizer Sonnensegel", aufgefangen hatten. Diese Messungen erlauben auch wichtige Rückschlüsse auf Vorgänge in den äußeren Schichten der Sonne.

Planeten

Aus den kleinen Planetenvorläufern (Planetesimals) haben sich durch Zusammenstöße immer größere Körper gebildet, bis schließlich die großen Planeten entstanden, die wir kennen. Die Asteroide sind wahrscheinlich zum größten Teil dabei übriggebliebene Körper und deren Trümmer. Von diesen Prozessen vom Anfang der Planetenbildung wissen wir nur wenig. Auf den kraterübersäten Oberflächen der Planeten sehen wir nur das Endstadium dieser Entwicklung. Die Untersuchung der Asteroide und Kometen durch Raumsonden ist ein wichtiger weiterer Schritt. Dazu gehört auch die für 1988 von der UdSSR mit Beteiligung deutscher Forschungsinstitute geplante

Abb. 108. Marsmond Phobos (Durchmesser 22–25 km), aufgenommen von der Viking Marssonde im Februar 1977. (Aufnahme NASA)

Mission zum Marsmond Phobos. Dieser unregelmäßig geformte Mond ist wahrscheinlich ein eingefangener Asteroid (Abb. 108). Die direkte Untersuchung der Asteroidenbruchstücke, nämlich der Meteorite im Labor wird aber weiter unentbehrlich bleiben.

Schlußfolgerung

Die Untersuchung der Meteorite, ihrer verschiedenen Typen, ihrer Minerale, ihrer Spurenelemente und Isotope hat eine Fülle von neuen Erkenntnissen über unser Sonnensystem gebracht. Da in den Chondriten nur wenig veränderte Urmaterie vorliegt, können sie uns etwas über die Entstehungsgeschichte des Sonnensystems erzählen. Durch die interstellaren Körner in ihnen wird es vielleicht sogar möglich, über unser Sonnensystem hinauszublicken.

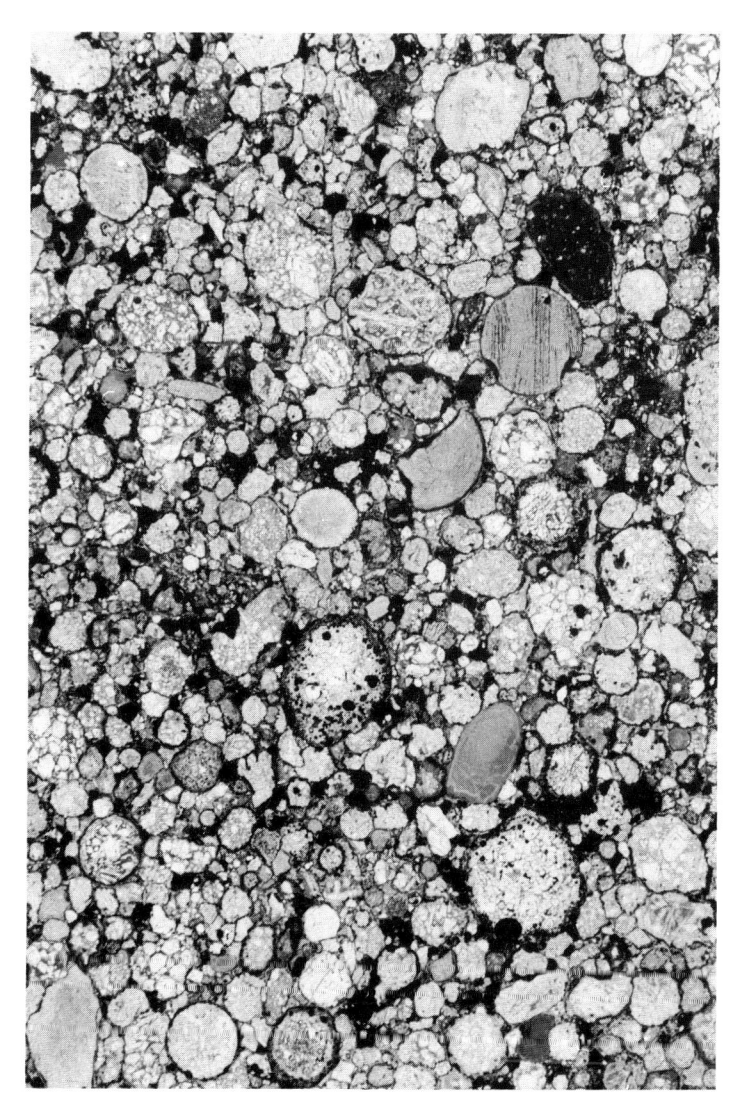

Abb. 109. Dünnschliff des H3-Chondriten Tieschitz. Etwa 5fach vergrößert

Es ist uns allerdings noch nicht gelungen, die Entstehungsweise der Chondren und der Chondrite ganz zu verstehen. Abbildung 109 zeigt einen Schnitt durch den primitiven Chondriten Tieschitz. Jede Chondre, die wir sehen, ist ein Individuum für sich, jede hat ihre eigene Geschichte. Alle zusammen enthalten sie die Informationen über den Beginn unserer Welt, die wir noch entschlüsseln müssen.

Die Wissenschaft von den Meteoriten beschäftigt viele Disziplinen, von der Astrophysik bis zur Kernphysik, Chemie und Mineralogie. Darüber hinaus ist aber auch die Mitarbeit von Laien möglich und nötig. Jeder neue beobachtete oder gefundene Meteorit kann neue Erkenntnisse liefern. Gerade die Beobachtungen beim Fall eines Meteoriten, die nur von den zufällig anwesenden Augenzeugen gemacht werden können, sind dabei unentbehrlich. Kleine, unbedeutend erscheinende Beobachtungen von Laien können, wenn sie nur in genügender Anzahl vorliegen und mit der nötigen Genauigkeit angestellt worden sind, gegebenenfalls die Grundlage zu weitgehenden und wichtigen Rückschlüssen bilden. Es würde daher für den Verfasser einen Erfolg bedeuten, wenn es ihm gelungen wäre, bei einer möglichst großen Zahl von Lesern dieses Büchleins die Bereitwilligkeit und Fähigkeit zu dieser aktiven Mitarbeit an unserer Wissenschaft erzeugt zu haben.

Anhang

Meteoritensammlungen

Sobald die wahre Natur der Meteorite erkannt war, setzte eine eifrige Sammeltätigkeit ein. Einige große Sammlungen entstanden, und diese sind für das Studium der Meteorite von um so größerer Bedeutung, als das Material ja nicht jederzeit, wie bei irdischen Gesteinen, erhältlich ist, manche Meteorite ganz einzigartig sind und für ein eingehenderes Studium große Stücke und möglichst umfangreiches Vergleichsmaterial notwendig sind.

In der UdSSR wurde ein besonderes Komitee an der Akademie der Wissenschaften in Moskau gegründet, das die Moskauer Sammlung betreut und sich große Verdienste um die Aufsammlungen der Meteorite in dem weiten Gebiet der UdSSR erworben hat. Auch in den USA wurde 1944 ein Institut für Meteoritenkunde in Albuquerque an der Universität von New Mexico gegründet. Heute wird an allen großen Meteoritensammlungen der Naturhistorischen Museen auch aktive Meteoritenforschung betrieben.

Wohl die älteste und auch heute noch eine der bedeutendsten Sammlungen ist die des Naturhistorischen Museums in Wien. Ähnlich alt und umfangreich sind in Europa die Sammlungen des Britschen Museums in London (1435 verschiedene Meteorite im Katalog von 1985) und des Museum National d'Histoire Naturelle in Paris. In Deutschland gibt es schon lange bestehende, umfangreiche Sammlungen an den Universitäten Berlin (Humboldt-Universität, über 500 Meteorite), Bonn (ca. 400), Tübingen und Göttingen. In den letzten Jahren entstand am Max-Planck-Institut für Chemie in Mainz eine Sammlung, die über 700 Meteorite umfaßt.

In den USA gibt es drei große Sammlungen mit je weit über 1000 Meteoriten, deren Anfänge bis in das vorige Jahrhundert zurückreichen: im National Museum of Natural History (Smithsonian Institution) in Washington, im Field Museum in Chicago und im American Museum of Natural History in New York. Weitere große Sammlungen mit etwa 500 Stück besitzen das erwähnte Institute of Meteoritics in Albuquerque, die Universität von Kalifornien in Los Angeles und die Harvard Universität in Cambridge.

Die Museen und Forschungsinstitute, die sich mit Meteoriten beschäftigen, sind auch gerne bereit, Fragen über Meteorite zu beantworten und gefundene Meteorite zu untersuchen. Es sind dies im deutschsprachigen Raum folgende Institute:

BRD:
Max-Planck-Institut für Chemie, Abt. Kosmochemie, Saarstr. 23, 6500 Mainz
Max-Planck-Institut für Kernphysik, Saupfercheckweg 1, 6900 Heidelberg 1

DDR:
Museum für Naturkunde an der Humboldt-Universität zu Berlin, Mineralogisches Museum, Invalidenstr. 43, DDR-1040 Berlin.

Österreich:
Naturhistorisches Museum Wien, Mineralogisch-Petrographische Abteilung, Burgring 7, A-1014 Wien

Schweiz:
Physikalisches Institut der Universität Bern, Sidlerstraße 5, CH-3012 Bern
Eidgenössische Technische Hochschule, Institut für Kristallographie und Petrographie, Sonneggstraße 5, CH-8092 Zürich

Der Tauschwert der Meteorite

Meteorite werden zwischen Sammlern oft getauscht. Dabei ist ein Stück um so wertvoller, je weniger es von diesem Meteoriten gibt und je seltener die Klasse ist, der er angehört. Der Tübinger Meteoritenforscher E. A. Wülfing hat schon vor 100

Jahren versucht, diesen Zusammenhang in eine Formel zu fassen. Er fand für den Tauschwert W eines Meteoriten mit dem Gewicht G die Formel

$$W = \frac{1}{\sqrt[3]{G \cdot K}}$$

am vernünftigsten, wobei K das Gesamtgewicht der Klasse dieses Meteoriten ist. Durch die Wahl der dritten Wurzel ergeben sich Tauschwerte, die keine zu große Spanne umfassen: die Werte sind um einen Faktor 10 verschieden, wenn sich das Gewicht oder das Klassengewicht zweier Meteorite um den Faktor 1000 unterscheiden.

In Tabelle 22 sind die Klassengewichte der wichtigsten Meteoritenklassen angegeben. Aus diesen Werten wurde ein Diagramm berechnet, aus dem man die Tauschwerte direkt entnehmen kann (Abb. 110). Dabei sind mehrere Klassen mit ähnlichem Gesamtgewicht zu einer Kurve zusammengefaßt worden, wie es in Tabelle 22 angegeben ist. In das Diagramm sind einige der deutschen Meteorite mit den Nummern einge-

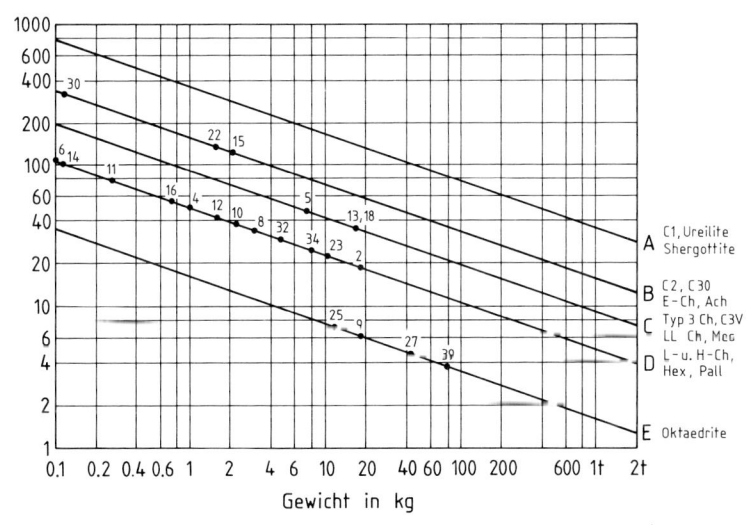

Abb. 110. Tauschwert der Meteorite. Die Geraden A bis E gelten für die in Tabelle 22 angegebenen Meteoritenklassen.

Tabelle 22. Klassengewicht und Anzahl der Meteorite in verschiedenen Klassen, ohne antarktische Meteorite

	Klasse (Anzahl)	Klassengewicht	Größter Vertreter
Gerade A [+]	C1-Chondrite (5) Ureilite (10) Shergottite (3)	17 kg 20 kg 30 kg	Orgueil 10 kg Kenna 11 kg Zagami 20 kg
Gerade B [+]	C2-Chondrite (23) Enstatit-Chondrite (21) C3O-Chondrite (7) Eukrite, Howardite, Diogenite (59)	150 kg 280 kg 290 kg 370 kg	Murchison 100 kg Abee 107 kg Kainsaz 200 kg Juvinas 91 kg
Gerade C [+]	H, L, LL-Chondrite Typ 3 (49) Enstatit-Achondrite (10) LL-Chondrite (75) C3V-Chondrite (10) Mesosiderite (24)	750 kg 1100 kg 1400 kg 2050 kg 2200 kg	Clovis No. 1 283 kg Norton County 1000 kg Paragould 400 kg Allende 2000 kg Bondoc 890 kg
Gerade D [+]	Hexaedrite (46) Pallasite (37) Ataxite (28) L-Chondrite, Typ 4 bis 6 (598) H-Chondrite, Typ 4 bis 6 (611)	4300 kg 7600 kg 9500 kg* 9500 kg 11000 kg	Coahuila 2000 kg Huckitta ca. 2 t Santa Catharina 7 t Long Island 560 kg Jilin ca. 4 t
Gerade E [+]	Oktaedrite (651)	235 000 kg	Cape York 58 t

* ohne Hoba, 60 t
[+] siehe Abb. 110

tragen, die sie in der folgenden „Zusammenstellung der Meteorite Deutschlands" tragen.

Um den Tauschwert eines bestimmten Meteoriten festzustellen, sucht man in Abb. 110 in der unteren Skala das Gewicht dieses Falles oder Fundes auf, geht von dort senkrecht nach oben bis zu der Kurve, die seiner Klasse entspricht, und liest am Schnittpunkt auf der linken Skala den Tauschwert pro Gramm ab. So erhält man z. B. für den H-Chondriten Breitscheid (1 kg) auf Gerade D den Wert 50 (Punkt 4), für den Achondriten Ibbenbüren (2 kg) auf Gerade B den Wert 120 (Punkt 15). Ein Stuck von Ibbenbüren wäre also etwa doppelt soviel wert wie ein gleich schweres Stück von Breitscheid. Allerdings hängt der Wert eines Meteoriten noch von anderen Faktoren ab. So sind Fälle wertvoller als verwitterte Funde und unter Sammlern sind Stücke mit erhaltener Schmelzkruste begehrter als Stücke ohne Kruste. Für Wissenschaftler ist der H-Chondrit Breitscheid interessanter als der Achondrit Ibbenbüren, weil Breitscheid die von der Sonne stammenden Uredelgase enthält (s. S. 159). Deshalb können und sollen die nach der Wülfingschen Formel berechneten Zahlen nur Näherungswerte liefern.

Rezepte

1. Ätzen von Eisenmeteoriten

Um die Widmanstättenschen Figuren sichtbar zu machen, muß ein Eisenmeteorit geätzt werden. Man stellt dazu durch Schleifen mit immer feinerem Sandpapier eine glatte Fläche her. Dann legt man den Meteoriten in eine Schale und bringt mit einem weichen Pinsel das Ätzmittel auf. Am besten eignet sich dafür eine Lösung von 5% Salpetersäure in Alkohol. Das Ätzmittel wird gleichmäßig auf der Fläche verteilt und einige Minuten in Bewegung gehalten, bis die Figuren genügend entwickelt sind. Dann spült man gründlich unter fließendem Wasser und trocknet danach sorgfältig, am besten an einem warmen Ort, z. B. im Backofen bei etwa 90 °C. Man kann die Oberfläche dann zum Schutz mit Zaponlack einstreichen.

2. Nachweis von Nickel

Alle Eisenmeteorite enthalten Nickel. Der Nachweis des Nickels kann durch eine Farbreaktion erfolgen.
Man löst zunächst etwas von dem zu testenden Eisen auf. Am einfachsten ist es, wenn man einen Tropfen verdünnter Salzsäure (10%ig) auf das Metall bringt und einige Zeit wartet, bis sich der Tropfen durch das gelöste Eisen gelb färbt. Dann nimmt man ihn mit einer Pipette auf und bringt ihn auf einen weißen Porzellanteller. Hier bringt man einen Tropfen verdünnten Ammoniak dazu, um die Säure zu neutralisieren. Der Nickel-Nachweis erfolgt mit dem Reagenz Dimethylglyoxim. Man bringt einen Tropfen einer 1%igen Dimethylglyoxim-Lösung in Alkohol zu der Testlösung. Wenn Nickel vorhanden ist, erscheint ein himbeerroter Niederschlag oder eine rote Färbung.

Zusammenstellung der Meteorite Deutschlands [1]

Augsburg (952), Fall eines großen Steines (Chladni). Zweifelhaft

Augsburg (1528), Fall eines Steines am 29. 6. 1528 (Chladni). Zweifelhaft.

1. *Barntrup,* Lippe-Detmold. Fall 28. 5. 1886. LL4-Chondrit. Nach einer Detonation fiel ein Stein von nur 17 g. 9,5 g Detmold, 6 g in Wien.
2. *Benthullen,* Oldenburg. Fund 1951, L-Chondrit. Ein Stein von 17 kg wurde in einem Torfmoor gefunden, etwa 6 km nördlich von Bissel und Beverbruch.

Beverbruch, neuer Name: Oldenburg (1930), siehe dort.

3. *Bitburg,* Albacher Mühle, nördlich von Trier. Fund 1805, IB-Eisenmeteorit mit Silikateinschlüssen. Ursprüngliches Gewicht über 1,6 t. Das meiste wurde durch Schmelz- und Schmiedeversuche verändert, nur noch ca. 34 g ursprüngliches Material vorhanden. Geol. Landesamt Berlin 55 kg,

---

[1] Zweifelhafte Meteorite und Pseudometeorite sind nicht numeriert

Humboldt-Universität Berlin 2,8 kg, Bonn 3,4 kg Tübingen 2,8 kg.

4. *Breitscheid,* Dillkreis Hessen. Fall am 11. 8. 1956, H5-Chondrit.

<small>Augenzeugen bemerkten ein pfeifendes Geräusch, von einem Baum abgeschlagene Zweige und Blätter und hochgeschleuderte Erde. Nur eine kurze, gelb-rote Feuerbahn wurde beobachtet. Der Meteorit war 40 cm tief in den Boden eingedrungen, er fühlte sich warm an. Gewicht 1 kg, Hauptmasse im MPI für Chemie in Mainz.</small>

5. *Bremervörde,* Niedersachsen. Fall am 13. 5. 1855, 17 Uhr, H3-Chondrit. Nach Detonationen fielen 5 Steine, der größte wog 2,8 kg. Gesamtgewicht 7,25 kg, Göttingen 2,8 kg, Clausthal 1,2 kg.
6. *Darmstadt,* Hessen. Fall vor 1804, H5-Chondrit. Nach Detonationen fiel ein Stein von etwa 100 g. Universität Heidelberg 50 g, Göttingen 16 g.
7. *Dermbach,* Thüringen. Fund 1924, Ni-reicher Ataxit, 1,5 kg. Enthält 25% Troilit und 6% Schreibersit. Mit 42% Ni eines der Ni-reichsten Eisen. 1,5 kg Dermbach Museum.
8. *Eichstädt,* Franken. Fall 19. 2. 1785, H5-Chondrit. Nach Detonationen fiel ein Stein von 3,2 kg bei Wittmeß bei Eichstädt. Universität Zürich 293 g, Wien 130 g.
9. *Emsland,* Brahe an der Ems, Niedersachsen. Fund 1940, mittlerer Oktaedrit, 19 kg. Göttingen 18,2 kg.

Ermendorf, bei Großenhain Sachsen. Am 28. 5. 1677 sollen viele kleine, blaue bis grüne Steine gefallen sein, die Kupfer enthielten (Chladni). Zweifelhaft.

10. *Erxleben,* Bez. Magdeburg. Fall 15. 4. 1812, H6-Chondrit. Nach Detonationen fiel ein Stein von 2,3 kg. 297 g Göttingen, 100 g Berlin.
11. *Forsbach,* bei Köln. Fall am 12. 6. 1900, 14 Uhr, H6-Chondrit, 240 g. Fast der ganze Stein in Bonn.

Friedland, Brandenburg. Am 1. 10. 1304 sollen einige schwarze, eisenharte Steine gefallen sein (Chladni). Zweifelhaft.

12. *Gütersloh,* bei Minden. Fall 17. 4. 1851, 20 Uhr, H4-Chondrit. Nach Erscheinen einer Feuerkugel mit Detonationen wurde am nächsten Tag ein Stein von 937 g gefunden, und ein Jahr später noch ein weiterer von 0,5 kg, der schon

stark verwittert war. 750 g Berlin Humboldt Univ., 87 g Wien, 40 g Tübingen.

13. *Hainholz,* bei Minden in Westfalen. Fund 1856, Mesosiderit. Gewicht 16,5 kg. 6,5 kg Tübingen, 2,25 kg Chicago, 0,9 kg Wien, 290 g Berlin. In vielen Sammlungen vertreten.

Hanau, Hessen. Am 21. 8. 1877 wurde ein heißer, erbsengroßer Stein aufgehoben. Nicht erhalten, zweifelhaft.

14. *Hungen,* bei Gießen, Hessen. Fall am 17. 5. 1877, H6-Chondrit.

Kurz nach 7 Uhr morgens bemerkte Heinrich Scharmann auf dem Weg von Steinheim bei Hungen nach Borsdorf bei klarem Himmel ein donnerartiges Getöse, das immer lauter wurde. Er sah, wie ein Stein einen fingerdicken Ast in 5 m Höhe von einer Fichte abschlug und dann in einen Graben fiel. Dieser erste Fund wog 86 g. Bei einer Suchaktion im Oktober 1877 wurde nur ein weiterer Stein von 26 g gefunden. Univ. Gießen 56 g, Wien 26 g, Washington 21 g.

15. *Ibbenbüren,* Westfalen. Fall am 17. 6. 1870, 14 Uhr, Diogenit. Nach Lichterscheinungen und Detonationen wurde 2 Tage später ein Stein von 2 kg gefunden. Berlin Humboldt Universität 1,88 kg, Wien 18 g.

16. *Kiel,* Schleswig-Holstein. Fall am 26. 4. 1962, 12 Uhr 45, L6-Chondrit. Der Stein durchschlug das Dach eines Hauses und wurde am nächsten Tag auf dem Dachboden gefunden. Gewicht 738 g.

17. *Klein-Wenden* bei Nordhausen, Thüringen. Fall am 16. 9. 1843, H6-Chondrit. Nach Detonationen fiel ein Stein von 3,2 kg. Berlin Humboldt Univ. 2,5 kg, Wien 174 g.

Kloster Scheftlar, bei Freising, Bayern. Am 5. 6. 1722 sollen mehrere Steine gefallen sein (Chladni). Zweifelhaft.

18. *Krähenberg,* bei Zweibrücken, Pfalz. Fall am 5. 5. 1869, 18 Uhr 30, LL5-Chondrit.

G. Neumayer aus Frankenthal gibt eine Schilderung des Falles: „Am Abend des 5. Mai wurden die Bewohner eines kleinen Dörfchens der Pfalz, Krähenberg, durch einen dumpfen Knall und donnerähnliches Getöse erschreckt. Das Geräusch wurde in einem großen Teil der Südpfalz vernommen und es entstanden Befürchtungen über eine etwaige Katastrophe. Man sprach von dem Explodieren eines Pulverturms in der französischen Grenzfestung Bitsch, von einer Kanonade in Landau oder Germersheim. Nur die Bewohner von Krähenberg sollten über die wahr Ursache nicht lange im Zweifel sein, denn das donnerähnliche Getöse endete mit einem fürchterlichen Schlage, den eine auf den Boden fallende Masse verursachte; und da zwei Männer unmittelbar in der Nähe waren, ein kleines Mädchen kaum zwei Schritte von der Stelle weg, so war die Ursache des Lärms bald ermittelt. Die Männer sprangen zur Stelle, so sie die Erde hatten in die Höhe geschleudert gesehen, und kaum 7 oder 8 Minuten nach dem Ereignisse lag ein noch warmer Stein von 31 Pfund Gewicht in den Händen des einen derselben, Heinrich Lauer. Der Stein, obgleich noch warm, verursachte übrigens den Händen nicht die geringste Pein."

Hauptmasse von 16,5 kg im Histor. Museum der Pfalz, Speyer.

19. *Linum,* bei Fehrbellin, Brandenburg. Fall 5. 9. 1854, 8 Uhr, L-Chondrit. Nach Detonationen fiel ein Stein von 1862 g. Berlin Humboldt Univ. 1,7 kg.

Magdeburg. Hier sollen 998 zwei Steine gefallen sein (Chladni). Zweifelhaft.

20. *Mainz,* Rheinland-Pfalz. 1850 oder 1852 wurde hier beim Pflügen ein Stein von 1,8 kg gefunden. L6-Chondrit. Kalkutta 200 g, Wien 119 g.

21. *Marburg,* Hessen. Fund 1906, Pallasit. Eine Masse von 3 kg wurde am Ufer der Lahn gefunden. Das meiste ging bei einem Luftangriff verloren, nur 110 g sind erhalten. Mainz, MPI für Chemie 47 g.

22. *Mäßing,* bei Altötting, Bayern. Fall 13. 12. 1803, Howardit. Nach Detonationen fiel ein Stein von 1,6 kg. Nur wenig erhalten. Berlin Humboldt Univ. 22 g, Paris 22 g, Tübingen 10 g.

Meißen, Sachsen. Eine große Eisenmasse soll 1164 gefallen sein (Chladni). Zweifelhaft.

23. *Menow,* Mecklenburg. Fall 7. 10. 1862, 12 Uhr 30, H4-Chondrit. Nach Detonationen fiel ein Stein von 10,5 kg. Kalkutta 2,7 kg, Berlin Humboldt Univ. 0,5 kg, London 1 kg.

24. *Meuselbach,* Thüringen. Fall 19. 5. 1897, L6-Chondrit. Nach Detonationen fiel ein Stein von 870 g. Hauptmasse im Museum von Rudolstadt, Wien 58 g, London 19 g.

Minden, Nordrhein-Westfalen. Mehrere Steine sollen am 26. 5. 1379 gefallen sein (Chladni). Zweifelhaft.

Nauheim, Hessen, Fund 1826, Pseudometeorit. Eine Eisenmasse von einigen Pfund Gewicht wurde beim Ausheben eines Grabens gefunden. Cohen wies nach, daß es sich um technisches Eisen handelt, es enthält nur 0,04% Nickel.

Naunhof, Bez. Leipzig. Zwischen 1540 und 1550 soll eine

große Eisenmasse gefallen sein (Chladni). Zweifelhaft. Vielleicht Steinbach?

25. *Nenntmannsdorf,* bei Pirna, Sachsen. Fund 1872, gröbster Oktaedrit, Gruppe II B. Eine Masse von 12,5 kg wurde 0,5 m unter der Oberfläche gefunden. 11,5 kg im Mineral. Museum Dresden, Wien 66 g.

26. *Nieder-Finow,* Brandenburg. Fund bekannt vor 1950. 287 g wurden gefunden, grober Oktaedrit, I A. Hauptmasse in Berlin.

Niederreißen, Bez. Erfurt. Ein Stein von 17 kg soll am 26. 7. 1581 gefallen sein (Chladni). Zweifelhaft.

Nörten, bei Göttingen, Niedersachsen. Ein Schauer von Steinen soll am 27. 5. 1580 gefallen sein (Chladni). Zweifelhaft.

27. *Obernkirchen,* bei Bückeburg, Niedersachsen. Fund bekannt vor 1863. Feiner Oktaedrit, IVA. Eine Masse von 41 kg wurde in einem Steinbruch auf dem Bückeberg gefunden. London 34,5 kg, Berlin 69 g.

28. *Oesede,* bei Osnabrück, Niedersachsen. Fall 30. 12. 1927, 11 Uhr 30, H5-Chondrit. Ein Stein von 3,6 kg fiel, aber nur 1,4 kg blieben erhalten. Münster 600 g, Bonn 100 g.

Oldenburg (1368), Niedersachsen. Eine Eisenmasse soll 1368 gefallen sein (Chladni). Zweifelhaft.

29. *Oldenburg (1930),* Niedersachsen. Fall 10. 9. 1930, 14 Uhr 15, L6-Chondrit. Nach einer Detonation fielen zwei Steine: 11,7 kg bei Beverbruch, 4,85 kg bei Bissel. Beide Steine in Cloppenburg.

Oldisleben, bei Halle. Ein kopfgroßer, schwarzer Stein soll 1135 gefallen sein (Chladni). Zweifelhaft.

30. *Ortenau,* Baden-Württemberg. Fall 27. 2. 1671, Stein. Ein 5 kg schwerer Stein mit schwarzer Kruste soll in der Ortenau gefallen sein, aber nichts ist erhalten.

31. *Peckelsheim,* Nordrhein-Westfalen. Fall 3. 3. 1953. Ca-armer Achondrit, anomal. Nach einem pfeifenden Geräusch traf der Stein den Ast eines Baumes und fiel einem Arbeiter vor die Füße, Gewicht 118 g. Hauptmasse im MPI für Kernphysik, Heidelberg.

Pfullingen, bei Tübingen. Eine Eisenmasse von 7,5 kg soll am 29. 10. 1904 gefallen sein. Pseudometeorit.

32. *Pohlitz,* bei Gera, Thüringen. Fall 13. 10. 1819, 8 Uhr, L5-Chondrit. Einige Tage nach dem Auftreten von Detonationen wurde ein Stein von 3 kg zwischen Politz und Langenberg gefunden. Gera Museum 400 g, Berlin 713 g, Wien 406 g, Tübingen 145 g.

Quedlinburg, bei Halle. Ein Schauer von Steinen soll am 26. 7. 1249 in den Bezirken Ballenstädt und Blankenburg gefallen sein (Chladni). Zweifelhaft.

33. *Ramsdorf,* Kreis Borken, Nordrhein-Westfalen. Fall am 26. 7. 1958, 18 Uhr 30, L6-Chondrit, 4,7 kg. An einem sonnigen Abend wurde plötzlich ein Geräusch „wie von einem mit Vollgas sich nähernden Motorrad" vernommen, aber weder Lichterscheinungen noch ein Geräusch des Aufschlags. Beim Suchen in der Richtung des Geräusches wurde der Stein in einem 40 cm tiefen Loch gefunden.

Abb. 111. Der Meteorit Ramsdorf und eine seiner Finderinnen am Tag nach dem Fall. (Aus R. Mosebach, Natur und Volk 88, 1958)

34. *Rodach,* bei Coburg, Bayern. Fall 19. 9. 1775. Ein grauer Stein von 3 kg mit dünner schwarzer Kruste soll gefallen sein. Obwohl nichts davon erhalten ist, scheint es ein echter Meteorit gewesen zu sein.

35. *Salzwedel,* bei Magdeburg. Fall am 14. 11. 1985, 19 Uhr 17, Chondrit. Ein Feuerball wurde über Norddeutschland gesehen und ein Stein von 43 g fiel in einem Waldstück bei Hohenlangbeck. Ein Junge wurde zufällig Augenzeuge des Falls und fand den Stein.

Schleusingen, Bez. Suhl, Thüringen. Viele Steine sollen am 19. 5. 1552 gefallen sein und einer ein Pferd getötet haben (Chladni). Zweifelhaft.

36. *Schönenberg,* bei Pfaffenhausen, Schwaben. Fall am 25. 12. 1846, 14 Uhr, L6-Chondrit. Nach Detonationen fiel ein Stein von 8 kg. Paris 135 g, London 40 g, Wien 26 g.
37. *Simmern,* Hunsrück, Rheinland-Pfalz. Fall am 1. 7. 1920. Nach Erscheinen einer Feuerkugel fiel eine große Anzahl von Steinen über ein Gebiet von 18 mal 3 km. Nur drei Steine wurden gefunden: 610 g bei Götzeroth, 142 g bei Hochscheid und 470 g zwischen Hochscheid und Hinzerath. Berlin 600 g, Bonn 200 g.
38. *Steinbach,* Erzgebirge. Unter diesem Namen werden vier große Massen zusammengefaßt, die nacheinander in dieser Gegend gefunden wurden: Grimma 0,9 kg, bekannt vor 1724; Steinbach, 1751 beschrieben; Rittersgrün 87 kg, 1833 oder 1847 gefunden; Breitenbach 10,5 kg, 1861 gefunden. Es sind anomale Eisenmeteorite mit Silikateinschlüssen, die früher als eigener Typ „Siderophyr" geführt wurden, das Eisen gehört aber zur chemischen Klasse IVA. Gotha Museum 1 kg Steinbach, Freiberg Bergakademie 55 kg Rittersgrün, London 6 kg Breitenbach.
39. *Stolzenau,* Niedersachsen. Fall August 1647. Ein großer Stein soll gefallen sein, der außen schwarz war und innen goldglänzende Flecken hatte (Chladni). Wahrscheinlich ein echter Meteorit.
40. *Tabarz,* bei Gotha, Thüringen. Fund 1854, grober Oktaedrit. Ursprüngliches Gewicht unbekannt. Ein Schäfer soll am 18. 10. 1854 den Fall einer Eisenmasse beobachtet haben. Dazu im Widerspruch steht aber die verwitterte Oberfläche des Meteoriten, so daß es sich wahrscheinlich um einen älteren Fall handelt. Sehr wenig erhalten. Göttingen 20 g, Wien 15 g.

Torgau, Bez. Leipzig. Ein Stein soll am 17. 5. 1561 gefallen sein (Chladni). Zweifelhaft.
41. *Trebbin,* Bez. Potsdam. Fall am 1. 3. 1988, zwischen 13 und 14 Uhr. LL6-Chondrit, Gewicht 1,2 kg. Der Stein durchschlug die Glasscheibe eines Gewächshauses und zerbrach in viele Stücke. Hauptmasse im Zentralinstitut für Physik der Erde bei der Akademie der Wissenschaften der DDR.
42. *Treysa,* Hessen. Fall 3. 4. 1916, 15 Uhr 30. Mittlerer Oktaedrit, III B anomal. Nach Detonationen und Erscheinen einer Feuerkugel fiel ein Eisen von 63 kg. Es wurde nach genauer Bahnberechnung durch Alfred Wegener elf Monate später an der berechneten Aufschlagstelle gefunden. Hauptmasse in Marburg, London 1,2 kg, Tübingen 143 g.
43. *Unter-Mäßing,* Bayern. Fund 1920. Plessitischer Oktaedrit, II C. Ein Eisen von 80 kg wurde in 1,50 m Tiefe 3 km östlich von Unter-Mäßing gefunden. Hauptmasse in Nürnberg, Naturhistor. Verein.

Tabelle 23. Konzentrationen der Elemente in Meteoriten und der Erdkruste. (Werte in ppm, außer wenn % angegeben)

Ordnungszahl	Element		C1-Chondrite	H-Chondrite	Eukrite	Obere Erdkruste
3	Li	Lithium	1,45	1,7[+]	6,1[+]	20
4	Be	Beryllium	0,025	0,04[+]	0,04[+]	
5	B	Bor	0,27	1,0[+]	0,83[+]	
6	C	Kohlenstoff	3,5%	800	0,06[+]	320
7	N	Stickstoff	3000	50[+]	40[+]	20
8	O	Sauerstoff	47,0%	35,1%	42,4%	47,3%
9	F	Fluor	130	60[+]	19	720
11	Na	Natrium	0,50%	0,71%	0,28%	2,45%
12	Mg	Magnesium	9,36%	13,85%	4,0%	1,39%
13	Al	Aluminium	0,82%	1,05%	7,1%	7,83%
14	Si	Silizium	10,68%	16,3%	23,0%	30,54%
15	P	Phosphor	1000	1040	400	810
16	S	Schwefel	5,8%	1,42%	0,20%[+]	310
17	Cl	Chlor	678	100	18	320
19	K	Kalium	517	720	222	2,82%
20	Ca	Calcium	0,90%	1,15%	7,7%	2,87%
21	Sc	Scandium	5,9	9,8	28,5	14
22	Ti	Titan	440	600	3800	4700
23	V	Vanadium	55,6	61[+]	75[+]	95

Tabelle 23. Fortsetzung

Ordnungszahl	Element		C1-Chondrite	H-Chondrite	Eukrite	Obere Erdkruste
24	Cr	Chrom	2700	3200	2090	70
25	Mn	Mangan	1800	2300	3990	690
26	Fe	Eisen	18,3%	29,0%	14,5%	3,53%
27	Co	Kobalt	501	811	5,8	12
28	Ni	Nickel	1,08%	1,72%	1,1	44
29	Cu	Kupfer	108	90	1,7	24
30	Zn	Zink	347	51	1,1	57
31	Ga	Gallium	9,1	5$^+$	2,6	17
32	Ge	Germanium	31,3	7	0,004	1,3
33	As	Arsen	1,85	2,1$^+$	0,18	1,7
34	Se	Selen	18,9	7,7	0,077	0,09
35	Br	Brom	2,53	0,2$^+$	0,16	1,0
37	Rb	Rubidium	2,06	2,54	0,25	120
38	Sr	Strontium	8,6	8,23	78	290
39	Y	Yttrium	1,44	2,2$^+$	16	30
40	Zr	Zirkon	3,82	7,24	46	140
41	Nb	Niob	0,3	<0,2$^+$	2,7	14
42	Mo	Molybdän	0,92	1,7$^+$		
44	Ru	Ruthen	0,69	0,82		
45	Rh	Rhodium	0,13	0,2$^+$		
46	Pd	Palladium	0,53	1,1$^+$	0,0004	
47	Ag	Silber	0,21	0,05	0,1	0,06
48	Cd	Cadmium	0,77	0,02	0,03	0,1
49	In	Indium	0,08	0,00025	0,0001	0,07
50	Sn	Zinn	1,75	0,46		3
51	Sb	Antimon	0,13	0,09	0,042	0,2
52	Te	Tellur	2,34	0,74	0,00001	0,002
53	J	Jod	0,56	0,04	0,2	0,5
55	Cs	Cäsium	0,19	0,08	0,005	2,7
56	Ba	Barium	2,2	4,0	31	730

Seltene Erden:

57	La	Lanthan	0,25	0,32	2,6	44
58	Ce	Cer	0,64	0,48		75
59	Pr	Praseodym	0,096	0,12	0,94	7,6
60	Nd	Neodym	0,474	0,61	5,1	30
62	Sm	Samarium	0,154	0,20	1,5	6,6
63	Eu	Europium	0,058	0,081	0,61	1,4
64	Gd	Gadolinium	0,204	0,34	2,3	8
65	Tb	Terbium	0,037	0,053	0,60	1,4
66	Dy	Dysprosium	0,254	0,34	3,2	6,1
67	Ho	Holmium	0,057	0,068	0,42	1,8
68	Er	Erbium	0,166	0,205	2,3	3,4
69	Tm	Thulium	0,026	0,033		
70	Yb	Ytterbium	0,165	0,19	1,72	3,4

Tabelle 23. Fortsetzung

Ordnungszahl	Element		C1-Chondrite	H-Chondrite	Eukrite	Obere Erdkruste
71	Lu	Lutetium	0,025	0,033	0,28	0,6
72	Hf	Hafnium	0,12	0,204	1,3	3
73	Ta	Tantal	0,014		0,12	3,4
74	W	Wolfram	0,089	0,13	0,041	1,3
75	Re	Rhenium	0,037	0,081	0,00001	0,001
76	Os	Osmium	0,49	0,814	0,00002	0,001
77	Ir	Iridium	0,48	0,77	0,00003	0,001
78	Pt	Platin	1,05	1,7		0,005
79	Au	Gold	0,14	0,25	0,007	0,004
80	Hg	Quecksilber	(5,3)			
81	Tl	Thallium	0,14	0,0025	0,001	0,02
82	Pb	Blei	2,43	(0,2)	0,4	0,46
83	Bi	Wismut	0,11	0,0014	0,0035	0,01
90	Th	Thorium	0,029	0,038	0,06[+]	11
92	U	Uran	0,0082	0,011	0,09	3,5

Werte für C1 (Orgueil), H5-Chondrite (Richardton) und Eukrite (Juvinas) nach Palme, Suess, Zeh, Landolt-Börnstein, Neue Serie VI/2a, Springer, Berlin Heidelberg New York 1981; die Werte mit + stammen aus B. Mason, Handbook of Elemental Abundances in Meteorites, Gordon u. Breach (eds) 1971. Werte für die obere Erdkruste nach K. H. Wedepohl, Fortschr. Miner. 52, 1975

Literatur

Freunde der Meteoritenkunde und Wissenschaftler haben sich zur „Meteoritical Society" zusammengeschlossen. Sie gibt die Zeitschrift „Meteoritics" heraus, die Arbeiten zur Meteoritenkunde, Meteoritenbeschreibungen und das „Meteoritical Bulletin" mit den neuesten Meteoritenfällen veröffentlicht. Mitglieder erhalten diese Zeitschrift für einen Mitgliedsbeitrag von 20 US$, Anfragen an den Schatzmeister Prof. R. H. Hewins, Dept. of Geological Sciences, Rutgers University, New Brunswick N.J. 08903, USA (oder Prof. D. Stöffler, Institut für Planetologie, Wilhelm-Klemm-Str. 10, 4400 Münster)

Ein unentbehrliches Handwerkszeug des Meteoritenkundlers ist der „Catalogue of Meteorites" von A. L. Graham, A. W. R. Bevan und R. Hutchison, erschienen beim British Museum (Natural History) 1985. Die Meteoriten-Literatur ist vorwiegend englisch, auf deutsch liegt nur wenig vor. Das folgende ist eine chronologische Liste einiger Bücher und Zeitschriftenartikel:

Cladni, Ernst Florens Friedrich: Über den Ursprung der von Pallas gefundenen und anderer ihr ähnlicher Eisenmassen und über einige damit in Verbindung stehende Naturerscheinungen. Riga 1794. (Nachgedruckt unter dem Titel: Über den kosmischen Ursprung der Meteorite und Feuerkugeln, Verlag Geest und Portig, Leipzig 1982, mit Erläuterungen von G. Hoppe)
Cohen, E.: Meteoritenkunde I bis III. Schweizerbart, Stuttgart 1894, 1903 und 1905
Boschke, F. L.: Erde von anderen Sternen. Econ, Düsseldorf 1965
Wänke, H.: Meteoritenalter und verwandte Probleme der Kosmochemie. Fortschritte der chemischen Forschung, Band 7, Springer, Berlin Heidelberg New York 1966
Voshage, H.: Massenspektrometrische Element- und Isotopen-Häufigkeitsanalysen zur Erforschung der Geschichte der Meteorite und des Planetensystems. Intern. Journal of Mass Spectrometry a. Ion Physics 1, 1968
Geologica Bavarica, Band 61: Das Ries, Geologie, Geophysik und Genese eines Kraters. Bayer. Geol. Landesamt, München 1969
Eisenlohr, H.: Meteoritenfälle in Deutschland. Sterne und Weltraum, Heft 8/9 1971, Heft 1 und 8/9 1972
Nininger, H. H.: Find a falling star. P. S. Ericson, New York 1972.
Engelhardt, W. von: Die Bildung von Kratern durch den Aufprall extraterrestrischer Massen. Naturwissenschaften, 61, 1974, 389
Engelhardt, W. von: Meteoritenkrater. Naturwissenschaften 61, 1974, 413
Wasson, J. T.: Meteorites. Springer, Berlin Heidelberg New York 1974
Buchwald, V. F.: Handbook of iron meteorites. Their history, distribution, composition and structure. University of California Press, 1975
O'Keefe, J. A. O.: Tektites and their origin. Elsevier Scient. Publ., 1976

Dodd, R. T.: Meteorites, a petrologic-chemical synthesis. Cambridge University Press 1981

Begemann, F.: Meteorite und Astrophysik, Häufigkeitsanomalien und die Entstehung des Sonnensystems. Sterne und Weltraum 3, 1982

Wood, J. A.: Das Sonnensystem. Enke Verlag, Stuttgart 1984

Wasson, J. T.: Meteorites – Their record of early solar-system history. Freeman, New York 1985

Dood, R. T.: Thunderstones and shooting stars. Harvard University Press, 1986

McSween, H. Y.: Meteorites and their parent planets. Cambridge University Press, 1986

Burke, J. T.: Cosmic Debris – Meteorites in History. University California Press, 1986

Strunz, H.: Meteorite, Kometen, Mondgesteine. Der Aufschluß 37, 1986, 313–327

Strunz, H.: Die frühen Ergebnisse der Meteoritenforschung als eine Grundlage für die moderne Meteoriten-Klassifikation. Der Aufschluß 39, 1988, 1–25

Die ältere Literatur über Meteorite bis 1950 findet man in „A Bibliography on Meteorites" von H. Brown, G. Kullerud und W. Nichiporuk, University of Chicago Press, 1953

Sachverzeichnis

Abkühlung 150
Achondrite 106
Adressen 166
Agglomeration 157
Akkretion 53
Alter 138
Altersbestimmung 139
Aminosäuren 135
Amphoterit 101
Antarktis 59
Antimaterie 50
Apatit 97, 98
Apex der Erde 66
Apollo-Asteroide 55, 149
Asteroide 148
Asteroidengürtel 147
Ataxite 116, 120
atmophil 125
Atomkern 131
Aubrite 108, 109
Aufklärung 72
Aufschlag 16
Australite 50

Balkeneisen 113
Bandeisen 113
Basalt 78, 107
Beobachtungen beim Fall 76
Bestrahlungsalter 142
Bewegungsrichtung 65
Blaueisfelder 60
Bodenbeschaffenheit 17
Brandzone 21
Brant, S. 71
Breccien 53
Bronzit-Chondrite 101
Brustseite 90

Ca, Al-reiche Einschlüsse 135, 153
Carbide 99
Carbonate 99
chalcophil 125

Chassignite 108, 109
Chemische Zusammensetzung 124
Chladni, E. F. F. 73
Chondren
  Entstehung 155, 164
  Schmelztropfen 54
  Typen 95
  Zusammensetzung 156
Chondrite
  Chemische Klassen 101
  equilibrierte 101
  Farbe 97
  gewöhnliche 97
  Mutterkörper 158
  nicht equilibrierte 101
  petrologische Typen 101
  schwarze 53
Chromit 97, 98, 158
Coesit 35
Cohenit 98

Diamant 99, 110, 135
differenziert 106
Dinosaurier 54
Diogenite 107, 108
Diopsid 98

Edelgase 126, 139
Edelmetalle 155
Einschußkanal 16, 17
Eisenmeteorite 111
  Abkühlung 117
  Ätzen 111, 169
  Chemische Gruppen 116, 120
  Nickelgehalt 116, 119
  Silikat-Einschlüsse 121
  Struktur 111, 116
  Wiedererhitzung 117
Eisen-Nickel-System 116
  M-Profil 117
Eisenschiefer 31

Eisen vom Himmel 69
Enstatit-Achondrite 108, 109
Enstatit-Chondrite 102
Entstehungsalter 140
Entweichgeschwindigkeit 151
erdbahnkreuzende Asteroide 149
Erdkruste 129, 177
Erwärmung 20
Eukrite 107, 108
Explosionskrater 28

Feldspat 94, 98
Feuerkugel 4
Funde 55

Gebäudeschäden 67
Gefährlichkeit 66
Gegenstände aus Meteoreisen 69
Geochemie 124
Gesamteisen 97
Geschoß 15
Geschwindigkeit 26
Glas 35
    diaplektisches 37
    Kraterglas 51, 52

H-Chondrite 97
Harkinsche Regel 131
Hell-Dunkel-Struktur 100, 159
Hemmungspunkt 9, 19
Herkunft 146
Hexaedrite 112, 119
Hochdruck-Minerale 150
Hochdruckmodifikation 35
Hochtemperatur-Komponente 157
Hörbarkeitsgebiet 13
Howardite 107, 108
Hypersthen-Condrite 101

Ilmenit 98
Impaktbreccie 38
Impaktschmelze 37, 45
Indochinite 50
Interstellare Körner 83, 135
Irdisches Eisen 78, 79
iron shale 31
Isotop 132
Isotopenanomalien 133, 153, 159

Jod-Xenon-Alter 153
Juno 148
Jupiter 149

Kalium/Argon-Methode 141
Kalium-Methode, Eisenmeteorite 144
Kamazit 98, 113
Kerogen 135
Kinetische Energie 28
Klassengewicht 168
Klassifizierung 15, 94
Klinopyroxen 98, 103
Knickbänder 35
Kohlenstoff 104, 129
Kohlenwasserstoffe 136
Kohlige Chondrite 104
    Chemismus 129
    Einschlüsse 105
    organische Substanz 105, 135
    organisierte Elemente 105
Koma 12
Kometenkern 50
Kometenschweif 160
Kondensation 105, 153
Kopfwelle 15
Kosmische Häufigkeit 128
Kosmischer Staub 81
Kosmische Strahlung 142, 144
Kreide-Tertiär-Grenze 54

L-Chondrite 97
Leben 135
leichtflüchtige Elemente 156, 157
leuchtende Gaswolke 11
Leuchtspur 10
Lichtenberg, G. C. 74
Lichterscheinungen 4
    Farbe 10
lithophil 125
Luftwiderstand 19

Magnetit 98
Mars 151
Masseverlust 13
Matrix 97, 157
Mesosiderite 123
Meteor 1
    Durchmesser 11
Meteorbahn 5, 9
    Lichtausbrüche 10
Meteorit von
    Abee 168
    Adargas 23
    Allende 22, 62, 106, 127, 168
    Altonah 112

Armanty 85
Augsburg 170
Ausson 67
Babb's Mill 90
Bacubirito 85
Barbotan 67, 72
Barntrup 170
Benthullen 145, 170
Beverbruch 170
Bitburg 118, 170
Bjurböle 85
Bondoc 168
Boogaldi 90, 92
Braunau 20, 67
Breitscheid 159, 171
Bremervörde 171
Brenham 85, 122
Buey Muerto 84, 89, 111
Cabin Creek 92
Campo del Cielo 85, 86
Cañon Diablo 30
Cape York 85, 86, 168
Chinguetti 124
Chupaderos 23, 85
Clark County 145
Clovis No.1 168
Coahuila 21, 168
Darmstadt 171,
Dermbach 171
Dimmitt 145
Duel Hill (1854) 113
Eichstädt 73, 171
Elbogen 71
Emsland 171
Ensisheim 71
Ermendorf 171
Erxleben 171
Friedland 171
Forsbach 171
Gibeon 21
Gütersloh 171
Hainholz 172
Hanau 172
Hessle 22
Hoba 84, 85
Holbrook 22
Homestead 21, 22
Hraschina 73
Huckitta 85, 168
Hugoton 85
Hungen 172
Ibbenbüren 172

Innisfree 9, 13, 19, 24, 147
Jilin 22, 84, 168
Juvinas 129, 168
Kainsaz 168
Keen Mountain 145
Kenna 168
Khairpur 22
Kiel 67, 172
Klein-Wenden 172
Kloster Schefftlar 172
Knyahinya 22, 85
Krähenberg 91, 92, 172
Krasnojarsk 85, 122
L'Aigle 22, 74
Landes 121
Lenarto 114
Linum 173
Long Island 85, 89, 145, 168
Lost City 8, 9, 13, 147
Lucé 72
Magdeburg 173
Mainz 102, 103
Marburg 173
Mäßing 67, 173
Mbosi 85
Meißen 173
Menow 173
Meuselbach 173
Minden 173
Mocs 22
Mond 61, 150
Morito 23, 85, 87
Murchison 105, 168
Nakhla 67
Nauheim 173
Naunhof 173
Nenntmannsdorf 174
New Concord 67
Nieder-Finow 174
Niederreißen 174
Nogata 69
Nörten 174
Norton County 16, 85, 168
Obernkirchen 174
Ochansk 4
Oesede 174
Oldenburg (1368) 146, 174
Oldenburg (1930) 174
Oldisleben 174
Orgueil 104, 105, 129, 168
Ornans 105
Ortenau 174

185

Pantar 161
Paragould 85, 100, 168
Parnallee 96
Peckelsheim 174
Pfullingen 174
Pillistfer 67
Plainview (1917) 145
Pohlitz 93, 175
Potter 145
Prambachkirchen 4, 9, 16, 17
Příbram 8, 9, 13, 147
Pultusk 6, 11, 21, 22, 84
Quedlinburg 175
Ramsdorf 175
Richardton 129
Rodach 175
Salzwedel 176
Santa Catharina 168
Saratov 95
Schleusingen 176
Schönenberg 176
Sikhote-Alin 4, 13, 22, 84
Simmern 176
Stannern 22
Staunton 112
Steinbach 121, 176
St. Mark's 93
St. Michel 16
Stolzenau 176
Sylacauga 67
Tabarz 176
Tamarugal 145
Tieschitz 163
Toluca 21, 118
Trebbin 117
Treysa 7, 11, 13, 84, 92, 177
Unter-Mäßing 177
Vigarano 105
Wethersfield 61
Willamette 85, 87
Winona 70
Woodward Country 145
Zagami 168
Meteorite
  Erkennungsmerkmale 77
  Form 89
  Gewicht 84
  Größe 84
  Historisches 68
  Name 3
  Oberfläche 24, 92
  orientierte 90

Meteoritenbahn
  Berechnung 6, 147
  Fotografie 8
  Geschwindigkeit 8, 9, 19
  Hemmungspunkt 9, 19, 26
Meteoritenfälle
  Beobachtung 76
  in Deutschland 58, 170
  örtliche Verteilung 56
  Rauchbahn 13
  Zahl 55, 58
  zeitliche Verteilung 62
Meteoritenkrater 25, 27
  Bildung 38, 39
  auf dem Mond 53
  sichere 27, 36
  wahrscheinliche 27, 44
  Zentralkegel 38
Meteoritenkrater von
  Bosumtwi 52
  Boxhole 33
  Cañon Diablo 28
  Clearwater 46
  Dalgaranga 33
  Henbury 33
  Kaalijärv 33
  Nördlingen 39
  Odessa 33
  Rochechouart 45
  Siljan 39, 45
  Steinheim 39, 43
  Wolf Creek 33
Meteoritenmünzen 70
Meteoritenmutterkörper 138, 158
Meteoritensammlungen 165
Meteoritenschauer 21
Meteoritenströme 63
meteoritische Leitelemente 45
Mikrometeorite 81
Mikrosonde 127
Mikrotektite 50
Minerale 94, 98, 99
Moldavite 50
Mond-Meteorite 150

Nakhlite 108, 109
Naturselbstdruck 114
Neumannsche Linien 111
Neutron 132
Neutronenaktivierungsanalyse 126
Nickel, Nachweis 170

Nickeleisen
  in Chondriten 96
  in Eisenmeteoriten 111
Nininger, H. H. 58
Nitride 99
Nördlinger Ries 39
Nukleosynthese 138

Oktaeder 115
Oktaedrite 112, 116
Olivin 98, 123
optische Aktivität 136
Ordnungszahl 131
organische Substanz 135
Orthopyroxen 98, 103
Oxide 99

Pallas 148
Pallas, P. S. 122
Pallasite 122
Paneth, F. A. 75, 140
Pentlandit 98
Philippinite 50
Phobos 162
Phosphate 99
planare Elemente 35
Planeten 161
Planetesimals 157
Plessit 114
Prairie-Network 8
Priorsche Regel 101
Proton 132

Radar 12
radioaktive Elemente 133, 140, 145
Rauchbahn 13
refraktäre Elemente 154
Regmaglypten 92
Regolith 159
Resttemperatur 35
Rezepte 169
Rubidium/Strontium-Methode 141, 142
Rückenseite 90

Sauerstoff
  Isotope 133
  Häufigkeit 128
Schallerscheinungen 13
Schmelzprozesse 106, 158
Schmelzrinde 93
Schockadern 53

Schockwelle 28
  Metamorphose 35, 37
Schreibersit 98
Schweif 12
shatter cones 35, 37
Shergottite 108, 109, 151
siderophil 125
Siderophyr 121
Silikate 94, 99
SNC-Meteorite 109, 149, 150
Sonne 129
Sonnenwind 159
Spallation 142
Spektralanalyse 126
Spektraltypen der Asteroide 148
Spinell 98, 158
Spurenelemente
  Analyse 126
  Impaktschmelze 45
  Meteorite 104, 110, 120, 130, 154, 177
  Tektite 51
Stein-Eisen-Meteorite 122
Steinige Tunguska 47
Steinmeteorite 94
Sternschnuppen 63, 146
Stishovit 35
Stoßwellen-Metamorphose 35, 37
Strahlenkalk 35, 37
Stratosphäre 81
Streuellipse 21
Suevit 39, 42
Sulfate 99
Sulfide 99

Taenit 98, 113
Tauschwert 166
Tektite 50
Terrestrisches Alter 145
Thermometer, geologisches 158
Tiefsee-Kügelchen 81
Tieftemperatur Komponente 157
Tiere 67
Tonminerale 98
Troilit 97, 99
Trümmergesteine 38
Tunguska-Ereignis 47

undifferenziert 97
Untersuchung von Proben 79
Uran/Helium-Methode 140

Uredelgase 159
Ureilite 108, 109
Urmaterie 97

Vesta 148

Waffen aus Eisenmeteoriten 71, 86
Wärmequelle 159

Wassergehalt 103, 104
Whitlockit 98
Widmanstättensche Figuren 113, 116

Zaponlack 169

Verständliche Wissenschaft

Lieferbare Bände:

1	K. v. Frisch: Aus dem Leben der Bienen
23	F. Heide: Kleine Meteoritenkunde
32	H. Giersberg: Hormone
34	O. Heinroth: Aus dem Leben der Vögel
39	H. Glatzel: Nahrung und Ernährung
50	T. Georgiades: Musik und Sprache
73	N. Arley, H. Skov: Atomkraft
76	A. Gabriel: Die Wüsten der Erde und ihre Erforschung
77	E. Hadorn: Experimentelle Entwicklungsforschung im besonderen an Amphibien
81	E. Thenius: Versteinerte Urkunden
83	K. Koch: Das Buch der Bücher
84	H. H. Meinke: Elektromagnetische Wellen
85	J. Fraser: Treibende Welt
94	H. Reuter: Die Wissenschaft vom Wetter
98	H. W. Franke: Methoden der Geochronologie
102	G.-M. Schwab: Was ist die physikalische Chemie?
103	H. Donner: Herrschergestalten in Israel
104	G. Thielcke: Vogelstimmen
106	R. Müller: Der Himmel über dem Menschen der Steinzeit
110	R. Müller: Sonne, Mond und Sterne über dem Reich der Inka
113	B. Karlgren: Schrift und Sprache der Chinesen
114	E. Thenius: Meere und Länder im Wechsel der Zeiten
115	C. D. Schönwiese: Klimaschwankungen
116	W. Minder: Geschichte der Radioaktivität
117	V. Zwatz Meise: Satellitenmeteorologie
118	H. Franke, Hoch- und Höchstbetagte

Springer-Verlag
Berlin Heidelberg New York London Paris Tokyo